社会主义新农村建设书系

优质高效农产品知识普及读本

服务“三农”重点出版物出版工程

有机食品150问

周龙根　张光伟　钱　峰　编著

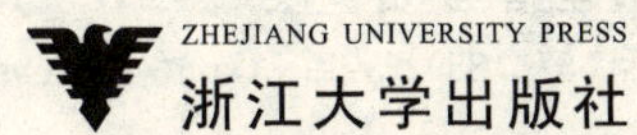

ZHEJIANG UNIVERSITY PRESS

浙江大学出版社

图书在版编目(CIP)数据

有机食品150问/周龙根，张光伟，钱峰编著.—杭州：浙江大学出版社，2013.11

ISBN 978-7-308-12158-3

Ⅰ.①有… Ⅱ.①周… ②张… ③钱… Ⅲ.①绿色食品-问题解答 Ⅳ.①TS2-44

中国版本图书馆CIP数据核字(2013)第200595号

有机食品150问

周龙根 张光伟 钱 峰 编著

丛书策划 阮海潮(ruanhc@zju.edu.cn)

责任编辑 何 瑜(wsheyu@163.com)

封面设计 续设计

出版发行 浙江大学出版社

(杭州市天目山路148号 邮政编码 310007)

(网址：http://www.zjupress.com)

排 版 浙江时代出版服务有限公司

印 刷 德清县第二印刷厂

开 本 710mm×1000mm 1/16

印 张 10.75

字 数 140千

版 印 次 2013年11月第1版 2013年11月第1次印刷

书 号 ISBN 978-7-308-12158-3

定 价 25.00元

前　言

有机食品是指采取有机耕作和加工方式生产和加工的、产品符合国际或国家有机食品要求和标准，并通过国家有机食品认证机构认证的农副产品及其加工品，包括粮食、红枣、菌类、蔬菜、水果、奶制品、禽畜产品、蜂蜜、水产品、调料等。为了适应现代农业生产发展的需要，全面提升我国农产品的质量安全水平，2005年国家质检总局发布了《有机产品认证管理办法》、GB/T19630《有机产品》和《有机产品认证实施规则》，中国有机食品的发展实现了有法可依。

为推进有机食品认证工作，提升有机食品发展水平，我们根据相关法律、法规和文件，参阅了“中绿华夏有机食品认证中心”等专业网站，组织编写了《有机食品150问》一书。本书比较详细地介绍了有机食品的概念、有机食品的基地管理、有机食品的生产、有机食品生产中的肥料和农药管理、有机食品认证、有机食品标志和有机食品的加工、贮藏与运输等。本书内容深入浅出，文字通俗易懂，可供广大农业生产、经营者，特别是农业龙头企业、农民专业合作社、家庭农场、专业种养大户和专业技术人员阅读参考，也可作为新农村建设培训用书。

由于编者的水平有限及相关政策的更新调整，书中不妥之处在所难免，敬请广大读者和行内专家批评指正。

编　者

2013年9月

目 录

第一章 有机农业

第二章　有机食品

第三章　有机食品的基地管理

第六章　有机食品生产中的农药管理

第七章　主要有机食品的生产要求

第八章 有机食品的认证

第九章　有机食品的标志

第十章　有机食品的加工、贮藏与运输

第一章　有机农业

1.什么是有机农业？

有机农业是一种完全不使用化学合成的肥料、农药、生长调节剂、畜禽饲料添加剂等物质，也不使用基因工程技术及其产物的生产体系，其核心是建立和恢复农业生态系统的生物多样性和良性循环，来维持农业的可持续发展。在有机农业的生产体系中，作物秸秆、畜禽粪肥、豆科作物和有机废弃物是土壤肥力的主要来源；作物轮作以及各种物理、生物和生态措施是控制杂草和病虫害的主要手段。有机农业生产体系的建立需要有一个有机转换的过程。

2.什么是有机农业的哲学理念？

有机农业提倡“天人合一，物土不二”和“与自然秩序相和谐”的哲学理念，尊重植物、动物、微生物以及景观本身的自然能力，强调因地制宜的原则。有机农业生产者认为土壤是农业生产的关键因素，而土壤自身是有生命的。因此，施肥应以改良土壤为目的，通过提高土壤自身营养和健康的需要，来实现对作物的持续、平衡、充足的营养供应，而不是简单地把土壤视作植物营养的载体，把施肥完全建立在满足作物的某些特殊需要之上。有机农业主张少耕或免耕，农业生产的重点在于促进自然的生物循环，充分利用自然规律，把农业生产系统视作一个整体，使之尽可能完善。其目的是追求生态上的协调性、资源利用上的有效性以及营养供应上的充分性。

3.有机农业发展的原则是什么?

有机农业在提高食品安全性、促进农产品出口等方面，具有积极的意义；但发展有机农业，除了考虑食品安全、经济利益外，还应兼顾其他相应的原则。专家认为，有机农业从业者只有坚持健康原则、生态原则、公平原则和关爱原则等四大原则，才能有效推动有机农业的稳步发展。

(1)健康原则。有机农业应当将土壤、植物、动物、人类和整个地球的健康作为一个不可分割的整体而加以维持和加强。这一原则指的是，个体与群体的健康是与生态系统的健康不可分割的，健康的土壤可以生产出健康的作物，而健康的作物是健康的动物和健康的人类的保障。

健康是指一个有生命的系统的统一性和完整性。健康不仅仅是指没有疾病，而是要维持系统的物质、精神、社会和生态利益。安全性、顺应性和可再生性是健康的关键特征。

有机农业在农作、加工、销售和消费中的作用，是维持和加强从土壤中最小的生物直到人类的整个生态系统和生物的健康。有机农业特别强调生产出高质量和富有营养的食品，为预防性的卫生保健事业作出贡献。为此，应避免使用那些对健康会产生不利影响的肥料、农药、兽药和食品添加剂。

(2)生态原则。有机农业应以有生命的生态系统和生态循环为基础，与之合作、与之协调，并帮助其持续生存。这一原则将有机农业植根于有生命的生态系统中，强调有机农业生产应以生态过程和循环利用为基础，通过具有特定的生产环境的生态来实现营养和福利方面的需求。对于作物而言，这一生态就是有生命的土壤；对于动物而言，这一生态就是农场生态系统；而对于淡水和海洋生物而言，这一生态则是水生环境。

有机种植、有机养殖和野生采集体系应与自然界的循环与生态平衡相适应。这些循环虽然是常见的，但其情况却因地而异。有机管理必须与当地的条件、生态、文化和规模相适应；应通过再利用、循环利用和对物质及能源的有效管理，来减少投入物质的使用，从而维持和改善环境质量、保护资源。

有机农业应通过对农业体系的设计、提供生存环境和保持基因与农业的多样性，来实现生态平衡。所有从事有机食品生产、加工、销售及消费有机食品的人，都应为保护包括景观、气候、生物多样性、大气和水在内的公共环境作出贡献。

(3)公平原则。有机农业应建立起能确保公平享受公共环境和生存机遇的各种关系。

公平是以对我们共有的世界的平等、尊重、公正和管理为特征的，这一公平既体现在人类之间，也体现在人类与其他生命体之间。这一原则强调所有从事有机农业的人，都应当以一种能确保对所有层面和所有参与者(包括参与到有机农业中的所有农民、工人、加工者、分销者、贸易者和消费者)都公平的方式来处理人际关系。

这一原则强调应根据动物的生理和自然习性，来提供其必要的生存条件和机会。应当以对社会和生态公正以及对子孙后代负责任的方式，来利用生产与消费所需要的自然和环境资源。

(4)关爱原则。应当以一种有预见性的和负责任的态度来管理有机农业，保护环境，保护当前人类和子孙后代的健康。

有机农业是为满足内部和外部需求及条件而建立的一种有生命力和充满活力的系统。有机农业的实践者可以提高系统的效率和生产力，前提是不能因此而对健康产生危害，为此，应对拟采取的新技术进行评估，对于正在使用的方法也应进行审核。对于在生态系统和农业方面的不完善理解，必须给予充分的关注。

这一原则强调，在有机农业的管理、发展和技术筛选方面，最关键的问题是实施预防和有责任心。科学知识是确保有机农业有利于健康、安全和生态环境的必要条件。然而，仅有科学知识是不够的；实践经验、积累的智慧以及传统与本土的知识等，可以提供有价值的经过时间验证的解决方案。有机农业应通过选择合适的技术和拒绝使用转基因工程等无法预知其作用的技术，来防止发生重大风险。有机农业管理者的决策应通过透明的和参与式的方法及程序，反映出所有有可能受到影响的方面的价值和需求。

4.有机农业的目标要求是什么？

有机农业的目标要求是：

(1)通过有机农业的开发，生产出足够的优质、安全的食品，满足社会需求。

(2)促进农田耕作系统中生产者、消费者、分解者的物质循环，保持和提高土壤肥力。

(3)在生产、加工过程中，尽量利用当地的可再生资源，促进水资源和其他资源的利用和保护。

(4)在有机生产中，注意保护野生动物、植物及其栖息地，保护生产体系和周围环境的生物多样性。

(5)实行清洁生产，对产品和生产过程持续运用整体预防的环境保护战略，实现污染物的最少化、无害化、资源化。

(6)注意畜禽在自然环境中的生活需求和条件，协调作物生产和畜牧业之间的相互平衡。

(7)注意水产品生产系统的持续发展。

(8)发挥有机生产的社会效益，使从事该项工作的人都有一个安全的工作环境，都能获得足够的收入，能提高生活质量和工作环境。

5.有机农业生产方式的主要特点有哪些？

有机农业的本质是尊重自然、顺应自然规律和生态学原理。有机农业的生产方式主要具备以下特点：

(1)选用合理的抗性作物品种，利用间作、套种技术，保持基因和生物多样性，采用生物和物理方法防治病虫草害等，创造有利于天敌繁殖而不利于害虫生长的环境，满足作物自然生产条件。

(2)禁止使用转基因产物及技术。

(3)采用合理的耕作制度，保护环境，防止水土流失。建立包括豆科植物在内的作物轮作体系，利用秸秆还田，施用绿肥和动物粪便等措施培肥土壤，保持养分循环，保持农业的可持续性。

(4)协调种植业和养殖业之间的平衡，根据土地的承载能力确定养殖的牲畜量。

(5)有机农业生产体系的建立需要一个有机转换的过程。

总之，有机农业要建立循环再生的农业生产体系，保持土壤的长期生产力；把系统内的土壤、植物、动物和人类看成是相互关联的有机整体，采用土地与生态环境可以承受的方式进行耕作，按照自然规律从事农业生产。

6.有机农业和有机食品存在哪些理解误区?

目前，在有机农业和有机食品的理解上还存在不少误区。

误区一是有机农业就是传统农业，发展有机农业是走回头路。由于石油农业带来的能源、环境和食品安全的问题日益严重，而有机农业通过不使用化学合成的农家肥料等方法不仅可以合理利用自然资源，有效地提高农业生产，而且可以保护生态环境，促进人与自然的协调发展。但是有机农业并不排斥现代的科学技术，有机农业充分利用现代生物学、土壤学和生态学的知识，应用现代的农业机械、作物选种、生物防治和水土保持技术，并在生产过程中建立严格的质量管理体系。因此，有机农业并不是传统农业的回归，其概念的提出也得到了广泛的重视与回应。

误区二是有机农业生产仅仅是简单地采用有机肥替代化肥的作用。目前，在有机农业生产中，为了替代化肥，需要使用大量的有机肥。有机肥在发展有机食品中占有极其重要的地位，它在培肥地力与改善作物品质，特别是改善食品风味等品质方面的作用已得到充分肯定。

但近年因饲料添加剂的应用，使工厂化养殖场畜禽排泄物中含有较高的重金属，如铜、砷等。同时，有机肥中还可能含有病源微生物和寄生虫卵。因此，在有机食品的认证中，对有机肥的使用限定了许多条件，不仅要求有一定的施肥数量，而且对有机肥的来源、有机肥的质量都有具体要求。过量使用、使用时间不恰当或使用不符合标准的有机肥，都要影响作物的生长和品质，并导致环境的严重污染。

误区三是无污染的食品就是有机食品。应该说，食品是否含有污染物质是一个相对的概念，自然界中不存在绝对不含任何污染物质的食品，只不过有机食品中污染物质的含量要比普通食品低。尤其关键的是，有机食品对整个生产过程的全程质量控制。

误区四是只有无污染的地区才能从事有机农业生产。有些地方过分强调对生产基地的环境质量标准，把有机农业的基地大多设在边远无污染的贫困地区，忽视了在发达地区逐步建立有机生产体系，开展从常规农业生产向有机农业生产的转换。实际上，在农用化学物质使用量较大的地区，发展有机农业更有重要的环境保护意义。

误区五是有机方法种植的产量肯定比现代方法种植的产量低。

从常规种植向有机种植转换是增产还是减产？在许多情况下，在开始转换之初会出现减产，特别是原来严重依赖化肥与农药的地区。但是，在那些原来对农药、化肥使用较少的地区，有机种植就可能不会减产，相反还可能增产。这种有机种植生产能力的增加有几方面的原因：

(1)通过轮作、间作和各样种植，农业生产系统的多样性得到改善；

(2)种植或间作绿肥作物；

(3)通过利用作物秸秆还田（或制作堆肥以后还田），促进了农田养分循环；

(4)较好地利用了周围生态系统的有机物质，利用了自然资源，尤其是水资源；

(5)将养殖业和种植业结合起来，改善了养分的管理水平；

(6)更加注意了水土保持。

另外，产量高低也是一个相对的概念，通过超过系统可承受的外部物质的投入来获得过高的产量并不是有机农业追求的目标，有机农业追求的是可持续的产量与质量。

误区六是有机农业投入多，成本高，收入低。有机农业所需的劳动力投入确实要比常规农业投入多，特别是表现在利用农业废弃物时的劳动力投入。由于有机生产充分利用了农业系统内的废弃物，减少了社会用于治理环境污染所花的费用，同时增加了土壤中较高的生物量和微生物种群密度，提高了土壤的活力，保持和促进了农田周围的生物多样性，降低了环境污染对人体健康和社会造成的直接和间接的经济损失。人们在计算有机农业和常规农业的投入时，往往忽视了这些投入的真正价值。通过有机食品的优化管理，不支出或减少购买化肥的支出，以控制农药的成本，以便在市场卖得较高的价格。从长远来看，一旦建立良性的有机农业生产体系，其综合的生产力一般高于常规体系的生产力，其最终效益要高于常规的生产。

7.有机农业是不使用化学合成物质的农业吗？

不使用化学合成物质（如化学农药、肥料生长调节剂等）是实施有机农业的基本手段和条件，但不是有机农业生产的根本目的。简单地把有机农业理解为不使用农用化学物质，而不采取任何管理措施的生产系统不能视为有机生产系统。有机农业强调环境与生态的和谐，保护土壤，防止水土流失，实现可持续生产体系的发展。因此，在有机食品的认证中有一部分很重要的内容，就是要求有机食品的生产者和申请人必须建立比较完整的质量管理体系，包括建立规范的质量管理手册、科学完整的生产操作规程、生产过程的详细记录和严格的追踪程序。

8.我国有机农业发展前景如何？

我国有机农业的发展起始于20世纪80年代，1984年中国农业大学开始进行生态农业和有机食品的研究和开发，1988年国家环保局南京环科所开始进行有机食品的科研工作，并成为国际有机农业运动联盟的会员。

在中国发展有机农业有着众多优势和广阔的发展前景。

第一，我国有着历史悠久的传统农业，在精耕细作、用养结合、地力复新、农牧结合等方面都积累了丰富的经验，这也是有机农业的精髓。有机农业是在传统农业的基础上依靠现代的科学知识，在生物学、生态学、土壤学等科学原理指导下对传统农业反思后的新运用。

第二，中国有其地域优势，农业生态景观多样，生产条件各不相

同，尽管中国农业主体仍是常规农业，且依赖于大量化学品，但仍有许多地方，多集中在偏远山区或贫困地区，农民很少或完全不用化肥农药，这也为有机农业的发展提供了有利的发展基础。

第三，有机农业的生产是劳动力密集型的一种产业，我国农村劳动力众多，这有利于有机食品发展，同时也可以解决大批农村剩余劳动力。

第四，随着中国加入世贸组织，中国农产品的出口受到绿色非贸易壁垒的限制，有机食品的发展可与国际接轨，以开拓国际市场。同时，随着我国人民生活水平的提高和环境意识的增强，有机食品的国内市场在近几年内将有较大发展，因此有机食品在国内外都会有广阔的发展前景。

9.发展有机农业对环境有什么好处?

概括起来，有机农业对环境有如下好处：

(1)长期可持续性：许多环境变化是长期、缓慢地发生的。有机农业考虑到农业干预行动对农业生态系统的中长期影响。有机农业既生产粮食，又建立生态平衡，以防止出现土壤肥力问题或虫害问题。有机农业采取积极的措施，而不是在问题发生之后才加以处理。

(2)对土壤的好处：有机农业的核心是土壤养护方法，如轮作、间作、共生联系、覆盖作物、有机肥和少耕制。这些方法鼓励土壤动植物生长，改善土壤形成和结构，建立更加稳定的耕作制度。反之，又增加了养分和能量循环，提高了土壤保持养分和保持水的能力，弥补了矿物肥料的空缺。这样的管理技术在土壤侵蚀控制中也发挥重要作用：缩短土壤暴露于侵蚀力的时间、增加土壤生物多样性、减少养分损失、帮助保持和提高土壤生产率。作物吸收的养分通常由农场的再生资源弥补，但有时需要用外界的钾、硫、钙、镁和示踪元素补充有机土壤。

(3)对水的好处：在许多农区，地下水受合成肥料和农药污染是一大问题。有机农业禁止使用合成肥料和农药，代之以有机肥料（如堆肥、家畜粪便、绿肥）和利用生物多样性（栽培的品种和长期植被），改善了土壤结构和水的渗透。管理良好的有机农业保持养分的能力增强，大大减少了地下水被污染的风险。

(4)对空气的好处：有机农业通过减少对农业化学品的需求，降低了非再生能源的使用。有机农业能够把碳截留在土壤中，帮助减轻了温室效应，控制全球变暖。有机农业使用的许多管理方法（如少耕制、秸秆还田、种植覆盖作物、轮作、更多地结合种植固氮豆科作物）使更多的碳返回土壤，提高了生产率和有助于碳储存。

(5)生物多样性：在基因一级，传统和改良种子和品种因抵御病害和恶劣气候能力强而受欢迎。在品种一级，动植物的不同组合优化了农业生产的养分和能量的循环利用。在生态系统一级，有机农田保持没有化学投入物的天然环境，为野生动物创造了有利的生态环境。提供食物和庇护所以及没有农药吸引了新品种或重新定殖品种来到有机农区（长期和迁移），其中包括野生植物、动物（如鸟）和有益于有机农业的生物，如授粉者和害虫天敌。

10.发展有机农业要先解决哪些问题?

在我国广大农村鼓励发展有机农业，有利于推动农业实现优质增效，帮助农民稳定增收，有利于区域经济协调持续增长，也有利于促进农村城市化、工业化进程，但同时在发展过程中也存在一些问题。

一是要高度重视农村生态环境建设和城乡人民群众生活质量。我国的区域和人口重点在农村，农村污染不从根本上得到解决，就会严重影响和制约农业稳产增收、农民脱贫致富、人民健康、食品安全和社会稳定。尤其是农业污染比起工业污染和生活污染，在点源控制和处理上更加困难，各级政府及职能部门应将农村污染防治摆在重要位置，制定政策，研究措施，落实目标责任。

二是农村污染面广、量大，没有责任主体，且无自处能力。这需要各级政府从政策、资金、技术、监测各方面有所倾斜，并可在生态示范区先行试点，继续积累有效控制污染的经验。

三是国家要有计划地推进有机农业，引导农民通过发展有机食品和生态产业来控制污染、改善生态环境和提高生活质量。国家和省市应设立有机食品发展基金。适当调整环保专项基金的使用方向，划出一定比例资金，专项用于有机食品基地的建设，树立典型，转化科研成果，探索运作模式，积累成功经验，有计划地推广，拉动有机产业发展。

四是中央提出的科学发展观，为发展有机食品创造了良好的外部环境和市场氛围。但是有机农业转换期内的减产补偿、风险基金、认证（国家和国际市场双重）费用、土地规模流转租金、市场开发及龙头企业初创阶段的资金投入和政策扶持，需要从国家到基地逐级分担，非一县一市就能完成，更超过了一般企业和乡镇的承受能力。若能明确重点扶持有机农业，势必见效更快、效果更突出。

五是强化有机食品市场管理，规范有机食品的申报、认证、标志、标准和监管，严堵假冒伪劣和政出多门的现象。协调国家认证和国际认证接轨工作，避免重复认证导致成本增加。

11.有机农业的国际标准是什么?

有机农业的国际基本标准包括以下四方面：

(1)前提条件。

①凡标上"有机"标签的产品，生产者和农场必须属于国际有机农业运动联盟(IFOAM)成员。

②不属于 IFOAM 的个体生产者不可以声明他们是按 IFOAM 标准进行生产的。

③ IFOAM 标准包括农场审查和颁证方案的建议。

(2)目标。

①生产足够数量具有高营养的食品。

②维持和增加土壤的长期肥力。

③在当地农业系统中尽可能利用可再生资源。

④在封闭系统中尽可能进行有机物质和营养元素方面的循环利用。

⑤给所有的牲畜提供生活条件，使它们按自然的生活习性生活。

⑥避免由于农业技术带来的所有形式的污染。

⑦维持农业系统遗传基质的多样性，包括植物和野生动物环境的保护。

⑧允许农业生产者获得足够的利润。

⑨考虑农业系统较广泛的社会和生态影响。

(3)根据上述框架，各国组织必须制定自己发展的标准。采用的方法和技术可采用参考自然生态平衡的某些技术，强调指出禁止使用农用化学品，如合成肥料、杀虫剂等。

(4)如何使产品成为有机产品？原来不是有机产品，可进行转换，让其变为有机产品，在一定时期内按标准要求进行转换。由每个有机农业颁证机构确定转换过程的时间，并定期(每年)进行评价，转换计划包括：

①增强土地肥力的轮作制度；

②适当的饲料计划(养殖业)；

③合适的肥料管理方法(种植业)；

④建立良好的环境，以减少病虫害转换周期时间，如果产品在两年之内满足所有标准则第三年可以作为有机产品出售，对种植业强调如下几个方面：

一是环境条件(由颁证组织审查无污染)。

二是作物品种选择应选适应当地土壤、气候，对病虫有抵抗能力的品种。

三是实施轮作(包括豆科作物)。

四是肥料政策：有机肥返回土壤，保持土壤肥力。禁止焚烧稻草，氮肥必须是有机，颁证组织应对产品的硝酸盐含量加以限制，引进的肥料要审查，人粪要防治病虫害等。

五是害虫管理：要保护天敌，提倡生物综合防治，禁止使用合成杀虫剂。在畜牧生产中禁止使用人工荷尔蒙和其他增产剂，从非有机农业组织购入的饲料不得超过10%～20%(根据牲畜的种类而异)。此外，不得采取虐待牲畜的生产方式。

六是杂草的处理：用农业栽培技术来防治，限制生长(如合理的轮作、种植绿肥、平衡施肥管理等)，使用物理除草方法，禁止使用除草剂、生长刺激剂。对养殖业、畜牧业强调禁止使用饲料添加剂、生长素、开胃药、防腐剂等。

综合以上标准，概括起来强调一句话：禁止使用农用化学品，提倡用自然、生态平衡的方法从事农业生产和管理。

12.国际有机农产品的法规与管理体系是怎样的？

国际有机农业和有机农产品的法规与管理体系主要分为三个层次：一是联合国层次，二是国际性非政府组织层次，三是国家层次。

联合国层次的有机农业和有机农产品标准是由联合国粮农组织(FAO)与世界卫生组织(WHO)制定的，是《食品法典》的一部分，目前尚属于建议性标准。我国作为联合国成员国也参与了标准制定。《食品法典》作为联合国协调各个成员国食品卫生和质量标准的跨国性标准，是一种强制性标准，可作为 WTO 仲裁国际食品生产和贸易纠纷的依据。《食品法典》的标准结构、体系和内容等基本上参考了欧盟有机农业标准 EU2092/91以及国际有机农业运动联盟(IFOAM)的基本标准。

国际有机农业运动联盟的基本标准属于非政府组织制定的有机农业标准，尽管它属于非政府标准，但其影响却非常大甚至超过国家标准。国际有机农业运动联盟成立于1972年，到目前已经有110多个国家700多个会员组织。它的优势在于联合了国际上从事有机农业生产、加工和研究的各类组织和个人，其制定的标准具有广泛的民主性和代表性，因此许多国家在制定有机农业标准时参考 IFOAM 的基本标准，甚至 FAO 在制定标准时也专门邀请了 IFOAM 参与制定。

国家层次的有机农业标准以欧盟、美国和日本为代表，其中目前已经制定完毕且生效的是欧盟的有机农业条例 EU2092/91 及其修改条款。欧盟标准适用于其15个成员国的所有有机农产品的生产、加工、贸易（包括进口和出口）。也就是说，所有进口到欧盟的有机农产品的生产过程应该符合欧盟的有机农业标准。因此，欧盟标准制定完成后，对其他国家的有机农产品生产、管理，特别是贸易产生了很大影响。

以欧盟标准为范本，美国和日本也加紧了标准制定。1990年，美国颁布了《有机农产品生产法案》，并成立了国际有机农业标准委员会(NOSB)，由美国农业部市场司归口领导。美国的有机标准基本上与欧盟的类似，区别在于美国的标准把检查、认证等完整地列入。美国有机农业标准于2001年2月20日开始试行，2002年8月正式执行。日本2000年4月份推出了有机农业标准，具体内容与欧盟标准95%以上是相似的，该标准于2001年4月正式执行。

13.国际有机农业的发展现状怎么样？

目前，全球已经有有机耕地面积1580万公顷。南美洲国家生产大量的有机橄榄油、糖、棉花、热带水果、可可、咖啡和牛肉。北美洲国家是世界有机豆类和有机谷物以及有机水果、蔬菜和乳制品的主产地。西欧的有机农业正在加速发展，东欧的有机农业也早已开始。以中国、泰国和马来西亚为主的亚洲国家则以茶叶、咖啡、香料、大米、油料和蔬菜为主打有机产品。澳大利亚有机生产面积已达到770万公顷，是有机牛肉的主要供应国。澳大利亚和新西兰还是向日本提供有机水果、乳制品和蔬菜的主要国家。在非洲，许多非政府组织正在帮助当地社区发展有机农业，为实现食品的自给自足和防止沙漠化及土壤侵蚀作贡献。有几个非洲国家还是有机产品的出口大国，如埃及的有机棉花、水果、蔬菜和香料向欧洲大量出口；马达加斯加向世界有机市场提供有机香料和热带植物油；坦桑尼亚则向欧洲出口茶叶、棉花、香料和热带水果等产品。

日本于1987年由国会议员成立了有机农业议员联盟，1988年成立生态农业连络协议会，1990年农林水产省增设了有机农业对策室，1993年制定了有机农产品标准，即新的有机食品认证制度。该有机食品认证制度将有机食品分为三类：第一类是要求生产有机农产品的土地三年不曾施用过化肥和农药；第二类是要求从前一次收获到本次收获未施用过农药；第三类是低农药栽培，要求农药使用量低于当地农药施用量的一半以下。

据统计，2000年全世界的有机产品贸易额约为200亿美元。美国、欧洲和日本是三个最大的有机产品消费地区。在欧洲，德国的有机产品市场最大，达25亿美元，法国居次，为12亿美元，英国第三，为9亿美元。快速发展的日本有机产品市场2000年的销售额估计为25亿美元。有机产品市场比较兴旺的其他国家有澳大利亚、新西兰、南非和阿根廷等，我国台湾地区的有机食品市场也比较发达。

可以预计，世界有机农业和有机产品市场将继续以较快的速度发展，从而向消费者提供健康的食品，也将继续为生产者带来越来越多的经济效益。

14.国际有机农业的发展新趋势怎样?

国际有机农业的发展呈现出如下新趋势：

(1)以生态、环境有益技术为特征的有机农业已经受到并将继续受到各国政府的重视。不少国家从农村发展和保护生态环境出发制定鼓励政策，加大投资，推动有机农业发展，很多国家还利用 WTO 绿箱政策对有机农业和有机食品开发实行补贴。

(2) FAO 进一步重视有机农业。目前，FAO 把有机农业看做是提高食品安全和生物多样性、促进可持续发展的一条可实践的途径，将有机农业列为16项多学科行动重点领域之一。FAO 及其设在泰国的亚太分支机构目前有几十个关于有机农业研究、推广等方面的项目。

(3)有机农业发展将继续保持不平衡，欧美国家将继续主导有机食品消费，有机食品国际贸易中的技术壁垒将长期存在。发展中国家在向欧美市场出口有机食品的同时，开始发展国内市场，并将国内市场作为发展有机农业的动力和归宿。有人预测中国将会成为欧盟、日本和美国之后的第四大有机食品消费市场。

我国有机农业发展和认证认可体系受到普遍关注。我国的认证认可管理体制、法规标准要求以及有机农业和有机认证的最新进展，引起国际上的普遍关注。

第二章 有机食品

15.什么是有机食品?

有机食品(Organic Food)也叫生态或生物食品等。有机食品是目前国际上对无污染天然食品比较统一的提法。有机食品通常来自于有机农业生产体系，根据国际有机农业生产要求和相应的标准生产加工。除有机食品外，目前国际上还把一些派生的产品，如有机化妆品、纺织品、林产品或为有机食品生产而提供的生产资料，包括生物农药、有机肥料等，经认证后统称有机产品。

有机食品是指采取有机耕作和加工方式生产和加工的、产品符合国际或国家有机食品的要求和标准，并通过国家有机食品认证机构认证的一切农副产品及其加工品，包括粮食、红枣、菌类、蔬菜、水果、奶制品、禽畜产品、蜂蜜、水产品、调料等。

1939年，Lord Northbourne 在《Look to the Land》有机认证标志中提出了 organic farming(有机耕作)的概念，意指整个农场作为一个整体的有机的组织，而相对的 chemical farming(化学耕作)则依靠了 imported fertility(额外的施肥)，而且，cannot be self - sufficient nor an organic whole(不能自给自足，也不是个有机的整体)。

有机食品与其他优质食品的最显著差别是，有机食品在其生产和加工过程中绝对禁止使用农药、化肥、激素等人工合成物质，而其他优质食品则允许有限制地使用这些物质。因此，有机食品的生产要比其他食品难得多，需要建立全新的生产体系，采用相应的替代技术。有机食品是一类真正源于自然、富营养、高品质的环保型安全食品。

16.有机食品与健康有什么关系?

有机农业生产体系在使不利影响达到最小的同时，可以向社会提供优质健康的农产品。有机农业生产过程保证拒绝人为投入化学合成的物质，最大限度地减少了各种污染的残留。现代各种肿瘤、心血管、早熟、畸形等疾病，在很大程度上是由于长期食用了高农药残留和重金属残留的农产品，以及大量使用激素、防腐剂、人工合成的食品添加剂和加工助剂而生产的农副食品。经常食用有机食品，可以减少这些原因造成的疾病。现在西方流行的食疗方法，应用的就是食用有机食品，逐渐减少人体内的毒素积累，起到治疗的效果。

17.有机食品是绝对无污染的食品吗?

食品是否有污染是一个相对的概念。世界上不存在绝对不含有任何污染物质的食品。随着分析技术的发展和分析仪器精密度的提高，所谓的“不得检出”的说法是不科学的。由于有机食品的生产过程不使用化学合成物质，因此有机食品中污染物质的含量一般要比普通食品低，但是过分强调其无污染的特性，会导致人们只重视对终端产品污染状况的分析与检测，而忽视有机食品生产全过程质量控制的宗旨。

18.有机食品判断标准是什么?

有机食品的判断标准是：

(1)原料来自于有机农业生产体系或野生天然产品。

(2)有机食品在生产和加工过程中必须严格遵循有机食品生产、采集、加工、包装、贮藏、运输标准，禁止使用化学合成的农药、化肥、激素、抗生素、食品添加剂等，禁止使用基因工程技术及该技术的产物及其衍生物。

(3)有机食品生产和加工过程中必须建立严格的质量管理体系、生产过程控制体系和追踪体系，因此一般需要有转换期；这个转换过程一般需要2～3年时间，才能够被批准为有机食品。

(4)有机食品必须通过合法的有机食品认证机构的认证。

19.有机食品主要包括哪些品种?

目前经认证的有机食品绝大多数为一般的农作物产品(如粮食、油料、蔬菜、水果、茶叶、咖啡、可可等)、有机食用菌产品、有机禽畜产品、有机水产品、有机调味品、有机蜂产品、酒类、采集的野生产品以及以上述产品为原料的加工产品。除此以外，还有一部分有机纺织产品、有机皮革、有机化妆品、有机林产品、种子、花卉和有机生产的投入品(如有机肥、生物农药、动物饲料等)等，它们被统称为有机产品。国内市场销售的有机食品主要是蔬菜、大米、茶叶、蜂蜜等。

20.有机食品和其他食品有什么区别?

目前，我国有关部门推行的其他标志食品还有无公害农产品和绿色食品。

无公害农产品是按照无公害农产品生产技术标准和要求生产的、符合通用卫生标准并经有关部门认定的安全食品。严格来讲，无公害农产品应当是普通食品都应当达到的一种基本要求。

绿色食品是我国农业部门在20世纪90年代初发展的一种食品，分为A级绿色食品和AA级绿色食品。其中，A级绿色食品在生产中允许限量使用化学合成生产资料，AA级绿色食品则较为严格地要求在生产过程中不使用化学合成的肥料、农药、饲料添加剂、食品添加剂和其他有害于环境和健康的物质。从本质上来讲，绿色食品是从普通食品向有机食品发展的一种过渡产品。

有机食品与其他食品的区别体现在如下几个方面：

(1)有机食品在其生产加工过程中绝对禁止使用农药、化肥、激素等人工合成物质，并且不允许使用基因工程技术；而其他食品则允许有限使用这些技术，且不禁止基因工程技术的使用。如绿色食品对基因工程和辐射技术的使用就未作规定。

(2)在生产转型方面，从生产其他食品到有机食品需要2～3年的转换期，而生产其他食品(包括绿色食品和无公害农产品)没有转换期的要求。

(3)在数量控制方面，有机食品的认证要求定地块、定产量，而其他食品没有如此严格的要求。

因此，生产有机食品要比生产其他食品难得多，需要建立全新的生产体系和监控体系，采用相应的病虫害防治、地力保护、种子培育、产品加工和储存等替代技术。

21.如何鉴别有机食品?

首先看标签是否有英文“ORGANIC”字样，同时还应有中文“中国有机食品”字样。其次看图标，并注意有机食品和转换期食品的区别。

对于有机配料含量等于或者高于95%的加工产品，可以在产品或者产品包装及标签上标注“有机”字样；有机配料含量低于95%且等于或者高于70%的加工产品，可以标注“有机配料生产”字样；如果是有机配料含量低于70%的加工产品，只能在产品成分表中注明某种配料为“有机”字样。

22.选择有机食品的理由是什么?

选择有机食品的理由主要有：

(1)较为健康。研究显示有机产品含有较多铁、镁、钙等微量元素及维生素C，而重金属及致癌的硝酸盐含量则较低。

(2)味道较好。有机农业提倡保持产品的天然成分，因此可保持食物的原来味道。

(3)避免疾病。密集式的动物饲养方式令疾病很容易散播，而有机农业要求开放的动物饲养方式则可以令动物有空间伸展活动，增强动物的抵抗力，降低疾病散播概率。

(4)含有较少化学物质。在有机生产的理念下，所有生产及加工处理过程均只允许在有限制的情况下施用化学物质。

(5)生产过程改造成分。在有机生产的理念下，所有生产及加工处理过程中均不可使用任何基因改造生物及其衍生物。

(6)对环境及生态有利。有机生产鼓励使用天然物料，适量施肥及灌溉，减少资源浪费，提高农场及其周边的生物多样性。

(7)保护土壤。土壤退化及污染日趋严重，而土壤作为生产粮食的基本要素，人类必须对之加以保护。有机农业要求的土壤保护措施是希望恢复和维持土壤的生命力，使土壤能继续为人类提供足够而优质的食物。

(8)价格不贵。有机生产规模较小，人力投资大，风险成本及运输成本也相对高昂，因此有机产品售价自然比较贵。但是，常规农业并没有将环境成本(如污染、泥土肥力下降等损害)计算在内，如果将环境成本反映在价格上，常规农产品和有机农产品的价格会相差不多。更为重要的一点是，如果长期食用健康绿色食品，可以明显感觉免疫力增加，体质也会提升，这是体内毒素逐渐排除的正常现象。

23.有机食品是处在“塔尖”的食品吗？

目前比较流行的一种说法是，我国推广的三种安全农产品：无公害农产品、绿色食品、有机食品，其中有机食品是最高层次的“塔尖”安全食品。

这种观点是片面的。

在现阶段，我国农产品质量安全工作以全面推进“无公害农产品行动计划”为切入点，加快无公害农产品、绿色食品和有机食品的发展，并根据各类产品的不同特点和发展目标，采取了不同的发展机制。无公害农产品保障大众消费者最基本的食品安全的要求，是最基本的市场准入条件；绿色食品质量安全标准达到发达国家的先进水平，满足消费者对食品质量安全更高层次的需求；有机食品采取市场化的运作方式，根据我国国情，同时借鉴国际的通行做法。更确切地说，从食品安全的角度，从量化的指标衡量，它们都属于安全农产品的范畴。应该说，有机食品在生产方式的难易程度、消费者层次和价格上确实处在较高的“塔尖”，但目前还没有充分的证据说明三者之间在安全水平上存在明显的差异。我们应该借鉴国际经验，结合我国国情，探讨、健全和完善无公害农产品、绿色食品和有机食品的独具特色的发展模式，推动农产品质量安全水平的全面提高。

24.有机食品需要符合哪些条件？

有机食品所需具备的条件有：

(1)原料必须来自于已建立的或正在建立的有机农业生产体系，或采用有机方法采集的野生天然产品。

(2)产品在整个生产过程中必须严格遵循有机食品的生产、加工、包装、贮藏和运输标准。

(3)生产者在有机食品的生产和流通过程中，必须有完善的质量控制和跟踪审查体系，并有完整的生产和销售的档案记录。

(4)在整个生产过程中对环境造成的污染和生态破坏处于最小程度。

(5)必须通过独立的有机食品认证机构的认证。认证是指具有相应资质的独立第三方组织给予书面保证来证明某一明确定义的生产或加工体系，经过系统的评估符合特定要求的程序。认证以规范化的检查为基础，包括实地检查、质量保证体系的审计和终产品的检测。

有机食品是一类真正源于自然、富营养、高品质的环保型安全食品。

25.什么是有机蔬菜？

有机蔬菜是指来自于有机农业生产体系，根据国际有机农业的生产技术标准生产出来的，经独立的有机食品认证机构认证允许使用有机食品标志的蔬菜。种植有机蔬菜利润少、投入大，国内生产者大多选择放弃，而不采取规模化经营。不少业内人士指出，有机蔬菜是大势所趋，但尚需时日。

有机蔬菜是指在蔬菜生产过程中严格按照有机生产规程，不使用

任何化学合成的农药、肥料、除草剂和生长调节剂等物质，以及不使用基因工程技术及其产物，而是遵循自然规律和生态学原理，采取一系列可持续发展的农业技术，协调种植平衡，维持农业生态系统持续稳定，且经过有机食品认证机构鉴定认证，并颁发有机食品证书的蔬菜产品。

有机蔬菜在整个的生产过程中都必须按照有机农业的生产方式进行，也就是在整个生产有机蔬菜过程中必须严格遵循有机食品的生产

技术标准，即生产过程中完全不使用农药、化肥、生长调节剂等化学物质，不使用转基因工程技术，同时还必须经过独立的有机食品认证机构全过程的质量控制和审查。所以，有机蔬菜的生产必须按照有机食品的生产环境质量要求和生产技术规范来生产，以保证它的无污染、富营养和高质量的特点。

26.可预防癌症的有机水果有哪些？

当人们提及癌症的时候，都有一种“谈虎色变”情节，基于这种情况，我们应注意每天的饮食。

根据世界卫生组织、美国农业部以及国际上对癌症的研究，每天至少摄取5份有机水果、有机蔬菜，就可以降低20%的患癌症风险。研究表明，它们中的一些特殊成分在预防结肠癌、乳腺癌、前列腺癌、胃癌等方面，具有其他食品难以替代的益处。这些水果包括有机草莓、有机橙子、有机橘子、有机苹果、有机哈密瓜、有机猕猴桃、有机西瓜、有机柠檬、有机葡萄、有机葡萄柚、有机菠萝等。

有机草莓是防癌先锋！在抗癌水果中，有机草莓的作用位居首位。新鲜有机草莓中含有一种奇妙的鞣酸物质，可在体内产生抗毒作用，阻止癌细胞的形成。此外，有机草莓中还有一种胺类物质，对预防白血病、再生障碍性贫血等血液病也能起到很好的效果。

有机柑橘类水果有有机橙子、有机橘子、有机柠檬、有机葡萄柚等。有机柑橘类水果含有丰富的生物类黄酮，能增强人体皮肤、肺、胃肠道和肝脏中某些酶的活力，帮助将脂溶性的致癌物质转化为水溶性的，使其不易被吸收而排出体外。同时，它们可增强人体对重要抗癌物质——维生素C的吸收能力。维生素C可增强免疫力，阻止强致癌物质亚硝胺的形成，对防治消化道癌有一定作用。

研究表明，平均每天吃一个有机柑橘的人，得胰腺癌的危险比每周吃少于一个者低1/3。研究发现：常吃有机橘子、有机柠檬等有机柑橘类水果可使口腔、咽喉、肠胃等部位的癌症发病率降低50%，使中风的发病率降低19%，同时对心血管疾病、肥胖及糖尿病也具有一定的预防作用。

有机猕猴桃含丰富的维生素，尤其是维生素C的含量之高是有机橘子的4～12倍，是有机苹果的30倍、有机葡萄的60倍。通过近年的研究证实，有机猕猴桃中含有一种具有阻断人体内致癌的“亚硝胺”生成的活性物质，因而具有良好的抗癌作用。

有机梨能生津、润燥、清热、化痰，古代医家多用之于食道癌、贲门癌和胃癌。由于有机梨所含的胡萝卜素、维生素B_2、维生素C等都具有一定的防癌抗癌作用，所以有机梨适宜于鼻咽癌、喉癌、肺癌患者服食。

有机杏适宜多种癌症患者食用。据研究表明，有机杏是维生素B_{17}含量最丰富的果品，而维生素B_{17}是极为有效的抗癌物质，对癌细胞具有杀灭作用。有报道称，美国用维生素B_{17}治疗癌症，经治疗的250例患者中，有248人获救，至今已用维生素B_{17}挽救了4000名晚期癌症患者的生命。

有机葡萄尤其是葡萄皮中含有的花青素和白藜芦醇都是天然抗氧化剂，也有抑癌功效，可抑制癌细胞恶变、破坏白血病细胞的复制能力。

有机苹果中有一种非常有用的成分——多酚，能够抑制癌细胞的增殖。研究人员发现，苹果多酚能降低结肠癌的发病率。老鼠被移植癌细胞后，食用苹果多酚水溶液，在生存率、生活质量方面，都有比较好的抗癌功效。

另据《现代中国营养学》记载：有机哈密瓜、有机菠萝中含有较多的叶黄素与玉米黄素，有机西瓜中的番茄红素丰富，这些物质都是非常有效的抗氧化剂，能起到抗癌作用。

虽然有机水果的抗癌作用明显，但在食用时，仍然要根据个人的特点进行选择和适当搭配。经常有人因为生吃草莓过量而引起胃肠功能紊乱，因为草莓比较酸，所以消化系统癌症患者食用更要谨慎。另外，患尿路结石、肾功能不好的患者不宜多吃草莓，因为它含草酸钙较多，过食会加重病情。

27.怎样区分有机产品、绿色食品和无公害农产品?

(1)标准不同。对于有机产品，不同的国家、不同的认证机构，其认证标准不尽相同。我国的绿色食品标准是由中国绿色食品发展中心组织指定的统一标准，其标准分为A级和AA级。A级的标准是参照发达国家食品卫生标准和国际食品法典委员会(CAC)的标准制定的，AA级的标准是根据IFOAM有机产品的基本原则，参照有关国家有机食品认证机构的标准，再结合我国的实际情况而制定的。

无公害农产品在我国是指产地环境、生产过程和最终产品符合无公害农产品的标准和规范。这类产品中允许限量、限品种、限时间地使用人工合成化学农药、兽药、鱼药、肥料、饲料添加剂等。

(2)标识不同。有机产品、绿色食品和无公害农产品的标识都由国家统一规定，但标识不同。此外，中国的有机产品标志和国外的也有所不同。

(3)级别不同。有机产品无级别之分，有机产品在生产过程中不允许使用任何人工合成的化学物质，而且需要2~3年的过渡期，过渡期生产的产品为“转化期”产品。

绿色食品分为A级和AA级。A级绿色食品对于产地环境质量要求评价项目的综合污染指数不超过1，在生产加工过程中，允许限量、限品种、限时间地使用安全的人工合成农药、兽药、鱼药、肥料、饲料及食品添加剂。AA级绿色食品产地环境质量要求评价项目的单项污染指数不得超过1，生产过程中不使用任何人工合成的化学物质，且产品需要3年的过渡期。

无公害农产品不分级，在生产过程中允许使用限品种、限数量、限时间的安全的人工合成化学物质。

(4)认证机构不同。中国有机产品的认证机构由认监委授权，国内目前有26家认证机构，可以开展种植、养殖、加工等领域的有机产品认证。国环有机产品认证中心是国内开展有机认证最早的机构，也是被国际有机组织IFOAM认可的机构之一。

绿色食品的认证机构在我国唯一的一家是中国绿色食品发展中心，该中心负责全国绿色食品的统一认证和最终审批。

无公害农产品的认证机构归口农业行政主管部门。

(5)认证方法不同。在我国，有机产品的认证实行检查员制度，在认证方法上是以实地检查认证为主，以检测认证为辅，有机产品的认证重点是农事操作的真实记录和生产资料购买及应用记录等。A级绿色食品和无公害农产品的认证是以检查认证和检测认证并重的原则，同时强调从土地到餐桌的全程质量控制，在环境技术条件的评价方法上，采用了调查评价与检测认证相结合的方式。

28.发展有机食品产业有什么意义？

有机食品产业是实现经济发展与环境保护相互协调的“双赢载体”，发展有机食品产业对实施可持续发展具有重要的意义。

一是可以满足人们追求优质生活的需求。有机食品的生产是农业和食品加工的“清洁生产”，有机食品在生产过程中仅允许使用天然物质，不会对环境造成污染，能确保食品安全，还可以生产出营养丰富、口味鲜美的优质食品。目前，有机食品已在大部分发达国家成为食品消费的时尚，也在许多发展中国家开始得到认可。

二是可以促进农村生态环境保护。由于有机食品在生产和加工过程中不允许施用化肥和农药，这样做的好处是既解决了现代农业用农药、化肥等化学合成物质造成的农产品污染和耕地污染，又防止了由此引起的土地退化、水土流失、生物多样性减少等生态问题；还控制和减轻了农村面源污染，保护了具有重要生态功能的湖泊、河流等。

三是可以增强农产品参与国际市场的竞争力。目前在国际市场上，由于有机产品的生产还远远不能满足消费者日益增长的需求，供给量存在着很大缺口，这种状况还将会持续相当一段时期。因此，大力发展包括有机食品在内的有机产品产业，将有助于我国打破非关税贸易壁垒，提高我国农产品在国际市场上的竞争力，促进我国对外贸易的健康发展。

四是有助于解决农村人口就业，增加农民收入。有机食品是一个劳动密集型产业，在生产过程中需要大量劳动力，而且有机食品在国际市场上的价格通常比普通食品价格高出20%～50%，有的可高出1倍甚至更多。因此，发展有机食品产业可以大大缓解农村劳动力普遍过剩的问题，提高农村劳动生产率，增加从事有机农业的农民收入。

五是有利于促进西部地区的开发和建设。在西部发展规模化的有机农业，综合开发有机食品，可以提高农业生产效益，增加农民收入；可以促进环境保护和生态建设，避免走“先污染后治理、先破坏后恢复”的老路；可以避免因长江、黄河上游重要生态功能区的环境破坏，而对下游的环境和经济发展产生潜在的、长远的威胁。同时，还可以保护西部地区极其丰富的生物多样性和世界上不可多得的基因库，这对于我国工农业的发展及生物技术的开发，都具有十分重要的战略意义。

29.我国有机食品的发展历程是怎样的?

我国有机食品的发展可分为三个阶段:

(1)探索阶段(1990—1994年)。

这一时期的特点是:国外认证机构进入中国,启动了中国有机食品的发展。1989年,中国最早从事生态农业研究、实践和推广工作的国家环境保护局南京环境科学研究所农村生态研究室加入了国际有机农业运动联合会(IFOAM),成为中国第一个IFOAM成员。目前,中国的IFOAM成员已经发展到30多个。

1990年,根据浙江省茶叶进出口公司和荷兰阿姆斯特丹茶叶贸易公司的申请,加拿大的国际有机认证检查员Joe Smillie先生受荷兰有机认证机构SKAL的委托对位于浙江省和安徽省的2个茶园和2个茶叶加工厂实施了有机认证检查。此后,浙江省临安县的裴后茶园和临安茶厂获得了荷兰SKAL的有机颁证。这是在中国开展的第一次有中国专业人员参加的有机认证检查活动,也是中国农场和加工厂第一次获得有机认证。

(2)起步阶段(1995—2002年)。

这一时期的主要特点是:中国相继成立了自己的认证机构,并开展了相应的认证工作,同时根据IFOAM的基本标准制定了机构或部门的推荐性行业标准。

1992年,中国农业部批准组建了“中国绿色食品发展中心”(CGFDC),负责开展中国国内的绿色食品认证和开发管理工作,1995年起,创造性地提出了绿色食品的分级理论,即绿色食品分为A级和AA级(等同于有机食品),并投入资金立项,邀请中国农业大学、中国农科院等单位参加研究、制定AA级绿色食品标准及操作规程。

CGFDC与欧美日等国家和地区的多家认证机构建立了联系和合作，并参照IFOAM以及欧美日等有机食品标准和法规，制定了《AA级绿色食品生产技术准则》，并开展AA级绿色食品的认证工作。绿色食品，特别是AA级绿色食品基地的建立，为我国有机农业生产基地的建立和发展打下了良好的基础。

1994年，经国家环境保护局批准，国家环境保护局南京环境科学研究所的农村生态研究室改组成为“国家环境保护总局有机食品发展中心”(Organic Food Development Center of State Environmental Protection Administration，简称OFDC-SEPA)，2003年改组为“南京国环有机产品认证中心”，到2005年年底，通过OFDC认证的农场和加工厂已经超过400家。

OFDC根据国际有机农业运动联盟的有机生产加工的基本标准，参照并借鉴欧盟委员会有机农业生产规定以及其他国家如德国、瑞典、英国、美国、澳大利亚、新西兰等有机农业协会的标准和规定，结合中国农业生产和食品行业的有关标准，于1999年制定了OFDC《有机产品认证标准》(试行)，2001年5月由国家环境保护总局发布成为行业标准。

1999年3月，中国农业科学研究院茶叶研究所成立了有机茶研究与发展中心(OTRDC)，专门从事有机茶园、有机茶叶加工以及有机茶专用肥的检查和认证，2003年该中心更名为“杭州中农质量认证中心”，并获得国家认证认可监督管理委员会的登记。2005年年底，通过该中心认证的茶园和茶叶加工厂已经超过400家。

根据农业部“无公害食品行动计划”关于绿色食品、有机食品、无公害农产品“三位一体，整体推进”的战略部署，中国绿色食品发展中心于2002年10月组建了“中绿华夏有机食品认证中心”(COFCC)。COFCC是第一家获得国家认监委注册的有机食品认证机构，根据IFOAM基本标准以及欧美日等国家和地区标准制订的《有机食品生产技术准则》，并据此开展认证工作。

(3)规范快速发展阶段(2003年至今)。

本阶段以《中华人民共和国认证认可条例》的正式颁布实施为起点，有机食品认证工作由国家认证认可监督管理委员会统一管理，进入规范化阶段。

2005年，国家质检总局发布了《有机产品认证管理办法》、GB/T19630《有机产品》、《有机产品认证实施规则》，中国有机食品的发展实现了有法可依。

30.我国有机食品发展的现状怎么样？

我国的有机食品正处在快速发展时期，但主要用于出口。因为有机食品在国际市场上大热，出口利润也相对较高，许多生产企业更倾向于出口。

2005年，中国有机食品行业经中绿华夏认证的企业数量达416个，产品种类数量为1249个；产品国内销售额为37.1亿元，出口1.36亿美元；总认证面积达165.5万公顷，其中认证面积最高的是野生采集，达69.59万公顷，其次是加工业63.82万公顷，渔业16.74万公顷，畜牧业9.07万公顷，种植业6.28万公顷。

到2006年年底，中绿华夏认证的企业数已达到601家(含转换期)，产品数达2647个，认证的面积共计264万公顷，产品实物总量211万吨，产品销售额61.7亿元，出口额1.6亿美元。认证企业数、认证面积、产品总量分别占全国的26%、50%、56%，发展速度和总量规模已位于国内有机认证行业之首。到2006年年底，有机食品国内销售额达到56亿元，2007年市场规模已经达到61.7亿元，国内有机食品的生产企业达到2300多家。

中国有机食品行业要发展，政府要在政策、经济方面大力扶持，企业要抓住机遇，转变观念，发挥自身优势，切实解决有机食品生产技术的难题，开拓国内国际市场。在国家“十一五”期间，各级政府有关部门按照“引导、规范、培育、监督”的职责定位，大力促进有机食品产业的发展。中国有机食品产业潜力大，市场前景好。发展有机食品产业是防治农村、农业污染的最好方式，有关部门将加大扶植力度，制订产业发展规划。

目前，全球有机食品市场正在以年均20%~30%的速度增长，估计2010年达到1000亿美元。与此同时，国际市场对中国有机产品的需求也在逐年增加，中国的有机稻米、蔬菜、茶叶、杂粮等农副产品和山茶油、核桃油、蜂蜜等加工产品在国际市场上供不应求。2006年，中国有机食品出口额3.50亿美元，仅占国际有机市场份额的0.7%。广阔的市场，加上比常规产品高出两三倍的价格，让越来越多的生产者走上有机生产之路。

中国有机食品产业潜力大，市场前景好。

31.国际有机食品的现状怎样？

国际有机食品的现状是：

(1)有机食品的生产及标准体系已形成。

拒绝使用化学品，提倡农业生产系统的自我维持和调控是有机农业技术应用的基本原则。目前，国外有机农业和有机农产品的法规与标准主要分三个层次：一是联合国层次；二是国际性非政府组织层次；三是国家层次。

联合国层次的有机农业和有机农产品标准由联合国粮农组织与世界卫生组织制定，作为《食品法典》的一部分。

国际有机农业运动联盟(IFOAM)的基本标准属于非政府组织制定的有机农业标准，尽管它属于非政府标准，但其影响非常大，甚至在一定程度上超过国家标准。

国家层次的有机农业标准以欧盟、美国和日本为代表，其中目前已生效的是欧盟的有机农业条例EU2092／91及修改条款。美国和日本也加快了有机农业标准的制定。1990年，美国颁布了《有机农产品生产法案》，并成立了国际有机农业标准委员会(NOSB)，隶属于美国农业部。该标准委员会由15个成员组成，涵盖了有机农产品的生产、消费、贸易、管理、研究等各个领域。

(2)有机食品产业已形成一定规模。

由于国外有机食品的标准体系和认证体系日趋成熟和完善，加上一些国家、部分地区认证机构的陆续成立，推动了全球有机食品的发展。对日本、美国的有机食品价格调查表明，美国有机食品价格比普通食品高出0.5～1.5倍，日本则高出30%～80%。而随着人们环境和健康意识的增强，对高价格的有机食品的需求也越来越多。

据国际有机农业运动联盟1998年估计，20世纪90年代以后，有机食品生产和贸易规模约占整个食物系统的1%。从区域上看，欧洲、北美、日本、澳洲起步较早，有机食品的生产、销售、管理、研究、培训、认证工作发展较快，标准、法规相对完善。

(3)主要有机食品消费国。

2000年，德国有机食品的销售额为35亿美元，市场份额为2.7%，其中期增长率可达5%~10%。其婴儿食品基本上都是有机食品。美、日、欧盟等国，有机食品的贸易量每年都在以20%~50%的份额增长，产品类型遍及蔬菜、水果、奶制品、谷物等，几乎无所不包。1998年，美、日、德等10国有机食品的贸易额为110亿美元，而1999年的贸易额则为200亿美元。

32.国际有机食品的发展趋势如何？

国际有机食品的发展趋势为：

(1)各国政府将进一步加大对有机食品的投入。

1997年，世界各国已承诺共同走可持续发展道路，作为第一产业部门的农业毫无疑问将是采取行动的重点领域。目前，全球对有机农业在保护环境和资源，消除常规农业的负面影响，促进农业可持续发展上的积极作用在认识上是一致的。未来农业要实现可持续发展，必须在健康的土地上，用洁净的生产方式，生产安全的食物，以满足全球食物消费在数量和质量上的需求。

(2)各国有机食品的标准及认证体系将走向统一。

为了指导全球有机食品的发展，消除贸易歧视，今后，各国有机食品标准必须在三个方向迈向国际协调与统一：

一是与世界食品法典委员会制定的有关食品标准以及ISO、WTO等国际组织制定的有关产品的标准趋向协调、统一；

二是IFOAM本身的标准要在提高指导性、原则性、规范性和权威性的基础上更好地协调地区和国家之间的标准；

三是地区和国际标准要进一步相互认可和尊重，即标准等值、地位对等，以削弱和淡化因标准歧视所引起的技术壁垒和贸易争端。

认证是确保有机食品真实性和可信度的关键。今后有机食品认证将在提高其科学性、权威性和规范性上要有明显的进步，当然这取决于IFOAM认证体系和各国认证方案完善的程度以及认证组织对能力、独立、透明两个基本条件的保证。另外，在标准相互认可、对等的前提下，只要有能力和条件应尽量保证认证的公正、公平、公开。地区和国家之间在认证上也将是相互认可的，这就意味着有机食品的认证不仅局限于一个国家和地区，而是跨出国界。

(3)有机食品的发展进一步促进相关科学技术的发展。

有机食品生产技术今后主要有四个方面的研究和探索将加快进行：

一是围绕可持续农业发展体系的完善，进一步通过在生产实践中应用和推广相关技术，使"培育健康的土地，生产健康的动植物，为人类提供安全的食物"的理论基础更加巩固，内容更加丰富，且具有较强的可操作性。

二是如何保持有机食品生产技术本身的可持续进步，并提高对传统农业技术和现代农业技术筛选、组装的效率和效益。

三是以标准制订和完善为切入点，提高有机食品生产技术水平。今后，有机农业的标准不仅包括生产、加工环节，还将延伸到包装、运输、销售各个环节。不仅要注重生产、加工过程，还应关注最终产品的质量卫生水准，即达到技术标准和优质标准的统一。

四是围绕生物肥料、生物农药、天然食品及饲料添加剂、动植物生长调节剂等生产资料的研制、开发应用和推广的步伐将加快，以尽快解决有机食品生产过程中面临的一系列技术及服务短缺问题。

另外，建立不同类型的生产开发示范基地以及开展不同层次、不同类型的知识和技术培训也是十分必要的，它是各国有机食品生产能否扩大规模、提高水平的一个重要因素。

第三章 有机食品的基地管理

33.有机农作物栽培遵循的基本原则有哪些?

有机农作物栽培遵循的基本原则如下所述：

(1)建立相对封闭的营养循环体系。有机农业禁止使用人工合成的化学肥料，尽量减少作物生产对外部物质的依赖，也即强调系统内部营养物质的循环和种植绿肥来培肥土壤。农业生产系统中的各种有机废弃物，比如牲畜粪便、作物秸秆和残茬等，要求重新投入到生产系统中，把人、土地、动植物和农场联结为一个相互关联的整体。土壤为作物提供养分，各种废弃物携带的营养又必须重新归还土壤。通过营养物质的循环使用，可以大大减少外部物质的投入，建立健康、经济的体系。在需要从外部补充一些养分的情况下，也只能以有机肥或难溶的矿物性肥料如磷矿粉、钾矿石、碳酸钙和石粉等方式投入，以免养分流失，造成水体富营养化。养分循环利用是有机农业理论的基础，有机农业的其他原则都是这一理论的延伸。

(2)培育充满生命活力的土壤。保护土壤是有机农业的核心。有机农业的各种生产方法都立足于土壤健康和肥力的保持与提高。健康的土壤—健康的植物—健康的动物—人类健康，这一反应链的起始就是土壤。要培育充满生命活力的可扎根性、通透性，以及土壤的有机质含量和土壤生命活力，这就是作物吸收所需养分，增强对病虫抗性的关键。

(3)保护自然资源。在常规农业中，农业大幅度增产是通过大量增加农业生产资料(如化肥、农药)的投入来实现的，而这些物质需要直接或间接消耗大量石化能源和矿物资源，也是水源污染、水体富营养化的重要因素。因此，有机农业的原则之一就是禁止使用人工合成的农用化学品，保护不可再生性自然资源，实现农业的可持续发展。

(4)作物病虫害的生态防治和健康栽培。农业生产中的病虫防治首先在于采用适当的农艺措施，建立合理的作物生长体系和平衡的生态环境，提高系统内自然生物防治能力，从而抵制害虫的暴发，而并非像现代农业那样力求彻底消灭害虫，即通过生态而非农药的方式来防治害虫的发生。健康栽培是有机作物抵抗病害的主要措施。通过抗性品种、增肥土壤、合理轮作、科学的肥水管理，使得作物生长健壮，有效地抵抗病原菌的侵染。

(5)禁止使用基因工程品种及其产品。基因工程导致的生物基因变化不是自然发生的过程，故违背了有机农业与自然秩序相和谐的基本宗旨。而且，许多科学事实已证明基因工程品种对其他生物、环境和人体健康造成的影响，另外，基因工程品种还存在着潜在的、不可预见的、可破坏自然生态平衡的影响，以及伦理道德危机、宗教信仰危机。因此，有机农业坚决反对应用基因工程品种及其产品。

(6)生产高质量的产品。生产高质量的营养健康食品是有机农业的根本目的之一。有机农业生产中不使用化学合成的农药，避免产品中的农药残留污染。有机农业耕作中施肥水平较低，产品中硝酸盐含量也较低。有机农业的创始人之一 Runsch 医生，就是从天然食品有益健康的角度出发而提出发展有机农业的。

与常规农业相比，有机作物生产的技术难点在于遵循农业生态规律，建立生产系统的生态平衡关系，形成不同于常规生产的土壤增肥、病虫草害管理的观念与技术方法。我国有机农业发展已有多年的历史，已经开展了大量的生产实践，系统总结了有机水稻、茶叶、蔬菜、水果等主要作物的技术经验，可以满足计划或已开始有机生产转换的生产者对技术的需求，促进我国有机农业的规范与快速发展。

34.什么是有机转换？

由常规生产向有机生产需要转换，其后播种的作物或出生的动物才可作为有机产品。生产者在转换期间必须完全按有机生产要求操作，经一年有机转换后的田块中生长的作物，可以作为有机转换作物。转换期一般从申请认证之日起计算。如果申请者能提供真实的书面证明材料和土地利用的历史资料，经颁证委员会核准后，转换期可以从生产者实际开始有机生产的日期算起。

已通过有机认证的农场(基地)一旦回到常规生产方式，则需要重新经过有机转换才有可能再次获得有机认证。

35.什么是有机生产的缓冲带？

缓冲带指有机生产体系与非有机生产体系之间界限明确的过渡地带，用来防止受到邻近地区传来的禁用物质的污染。如果农场(基地)的有机地块有可能受到邻近常规地块的污染影响，则在有机地块和常规地块之间必须设置缓冲带或物理障碍物，以保证有机地块不受污染。

36.有机食品怎样制订生产和管理计划？

为了保持和改善土壤肥力，减少病虫草危害，生产者应根据当地的生产情况，制订并实施非多年生作物的轮作计划，轮作作物应包括豆科作物。生产者应制订和实施切实可行的土壤培肥计划，提高土壤肥力，尽可能减少对农场(基地)外肥料的依赖；应制订有效的作物病虫草害防治计划，包括采用农业措施及生物、生态和物理防治措施。生产者在生产中应采取措施，避免农事活动对土壤或作物的污染及生态的破坏；应制订有效的农场(基地)生态保护计划，包括种植树木和草皮，控制水土流失，建立天敌的栖息地和保护带，保护生物多样性等。

37.有机生产怎样进行内部质量控制？

为了保证农场(基地)生产完全按照有机农业标准进行，保证有机产品在收获、加工、储存、运输和销售过程中不受杂质污染，有机食品生产农场(基地)应设立专门的内部质量管理机构，负责制订有机生产计划和生产技术的指导与咨询，监督生产计划的实施，建立严格的文档记录体系。如果有机食品生产基地牵涉到很多农户或是由农户自己组织起来从事有机生产，则需要从农民中挑选或确定技术骨干充当内部检查员和咨询员，以确保有机生产的顺利进行。

农场(基地)必须保持完整的生产管理和销售记录，包括购买或使用农场(基地)内外的所有物质的来源和数量、作物种植管理、收获、加工和销售的全过程记录。

畜禽养殖场必须保持完整的生产管理和销售记录，包括所有饲料、添加剂、用药等的来源和数量。每只家畜和每批家禽有从出生到屠宰的全过程记录。对于那些使用常规兽药处理过的家畜必须逐个清楚地标上标签，在标签上注明处理的物质名称和日期。

38.基地建设如何做到原则性与科学化相结合？

有机生产标准化是指在有机农业基地建设过程中，须严格遵守有机认证标准和认证要求。有机农业除了有一定的原理外，还有详细的标准规定哪些行为与方法或物质是允许的，什么是限制的，什么又是禁止的；并且有专门的认证机构，按照有机生产标准，对基地进行检查认证，如果违背了标准，基地就不能通过认证机构的有机认证，它生产的产品也不能以有机产品出售。而科学化是指在遵守标准的基础上，应更深层次地应用现代科学技术和经营管理方法，如生态农业技术、生态经济、循环经济理论、农业产业化经营方式等，对基地进行规划与设计，以提高基地的科技含量和综合生产力、开拓市场的能力，以致实现良好的经济效益。

根据我国目前有机生产基地的现状可知，在基地建设方面，强调原则性多，而追求科学性少，多数基地生产单一，即使有不同的生产单元与作物品种，但相互之间缺乏必要的联系，没有形成一个有机的体系。在经济效益方面，对产品价格过分依赖，一旦没有获得较好的价格，则效益普遍不高，从而影响生产者的积极性。而且，对原则性的强调与理解，大多数人也是被动地严守，而非本质上的理解，以至于对有机农业始终没有正确的认识，始终停留在不用农药与化肥的层面上，并且经常抱着怀疑甚至恐惧的心理看待有机农业。

有机生产基地建设的科学性是从提高系统综合生产力和经济效益的角度加以提倡的。生态农业在我国已取得了巨大的成绩，全国已有100多个生态农业示范县，而且有许多非常成功的生态村、生态农场，形成了众多的农、林、牧、渔综合生产的生态农业模式，生态系统的整体、协调、循环、再生的原理得到充分的应用，极大地提高了系统的综合生产力和经济效益。而生态农业与有机农业的理论基础都是生态学，它们的主要区别只有对外界物资的投入上要求不一样。因此，有机农业生产基地的建设完全可以在我国生态农业的基础上进行，将生态农业的模式因地制宜地应用于有机生产基地的规划建设中，这样就可大大提高基地的科技含量，同时，也可提高其生产力与经济效益。

39.基地建设如何做到生产与市场开拓相结合？

有机食品作为安全、优质、健康的环保产品，越来越受到人们的青睐，有机产品价格也普遍高于常规品种30%~50%，甚至翻倍，但高价格的实现要以市场接受为前提。因此，在基地建设过程中，要同时考虑市场开拓问题，这正是很多生产基地面临的难题。目前，有机生产通常有两种情况：一是一些贸易公司、加工龙头企业持有有机食品的出口订单，再组织农户或农场进行生产；二是政府鼓励农民或农场先进行有机生产转换，再寻找市场。前者不存在眼前的市场问题，也是很多生产基地所期待的生产组织方式，而后者则经常具有盲目性。因此，有机生产基地建设者必须具备很强的市场意识，要充分考虑产品的市场前景，做好产品的营销策划(如选择出口、主供国内大都市市场或基地周边的当地市场、直销或家庭配送等方式)，否则很容易遭受挫败。从目前情况来看，尽管我国有机产品仍然以国际市场为主，但国内市场也已经启动，并处于较快的发展时期，北京、上海、南京等地的超市、专卖店已在销售蔬菜、茶叶、大米等类别的有机食品，销售量、需求量在快速增加，因此，国内市场和生产基地的周边市场不可忽视。

40.基地建设如何做到经济、环境、社会三大效益相结合？

实现经济、环境、社会三大效益是各种可持续农业方式的共同目标。在有机农业基地建设过程中，生产、管理人员要有实现三大效益的主观意识。

经济效益是有机生产极为重要的目标，一方面要通过种养结合、循环再生、多层利用的农业生态工程方式来降低生产和成本、提高基地的整体生产力。另一方面，通过较高的价格回报来实现最高的经济效益，高价格是有机农业高经济效益的重要保障。

环境效益，包括对基地的绿化美化、建造丰富多彩的田园景观，保护野生生物和生物多样性，保护土地和水资源，尽量减少裸地，避免水土流失，减少面源污染等。而且，保护好农业生态环境，是消费者愿意花高价购买有机食品、以激励农民从事有机生产的原因之一。

社会效益包括为广大消费者提供优质、安全、健康的产品，为劳动者提供更多的就业机会，提高整个社会的环境保护意识，强调社会的公正性等。

在三大效益中，经济效益是实现环境效益与社会效益的动力因素，但环境效益、社会效益又是经济效益的基础，三者是相辅相成的关系。在有机生产基地建设过程中，要加强基地的宣传，有意识地实现三大效益，并使它们都能够有机地结合起来。

第四章　有机食品的生产

41.植物及植物产品有机生产的原则是什么？

植物及植物产品有机生产的原则是：

(1)播种前转型期至少两年，若属非草场多年生作物的情况，则在产品第一次收获前至少有三年时间在农田、农场或农场单位中应用。认证机构在某些情况下(如两年或两年以上闲置未用)可根据农田以前的用途决定延长或缩短该期限，但不得少于12个月。

(2)无论转型期长短，只能在将生产单位置于检验系统之内，且开始实施所规定的生产规范后转型期方能开始计算。

(3)在一个农场不一次性完全转型的情况下，可通过在相关土地上逐步转型，从常规生产向有机生产转型应使用许可使用的技术。在一个农场不同时期转型的情况下，应将其土地分为不同单位。

(4)转型过程中的区域与已转型为有机生产的区域不得对有机和常规生产方法交替使用(反复变化)。

(5)应酌情通过以下方式维持或提高土壤肥力和生活活性：

①在适当的多年轮作计划中种植豆科作物、绿肥或深根作物；

②在土壤中加入进行生产活动的土地所产生的有机材料，是否堆肥均可。可以使用家畜饲养的副产品，如厩肥，只要畜牧场是根据规定从事生产活动的。

③为堆肥活化的目的，可酌情使用微生物或植物制剂；

④为达到目的，亦可使用以石粉、厩肥或植物制成的生物动力制剂。

(6)应通过单独采用以下一种或综合采用以下几种措施，防治病虫害及杂草：

①选择适当的物种或品种；

②适当开展轮作；

③机械栽培；

④通过提供有利于环境保护的害虫天敌，如可维持原始植物群落，为捕食害虫的天敌提供栖息处的树篱、筑巢点、生态缓冲区等；

⑤多样化生态系统。多样化生态系统因地理位置不同而各异，如防治水土流失的缓冲区、农区林业、轮作等；

⑥火焰除草；

⑦天敌，包括释放捕食性和寄生性天敌；

⑧以石粉、厩肥或植物制成的生物动力制剂；

⑨覆盖与割草；

⑩放牧家畜；

⑪机械防治，如诱捕、隔离、光捕以及声捕等；

⑫当土壤再生轮换不能发生时，以蒸汽消毒。

(7)只有在紧急或严重威胁作物时，才可借助于规定所指的产品。

(8)种子及植物繁殖材料须种植至少一代，若为多年生作物，至少两个生长季节的植物，经营人若能向认证机构表明没有符合上述要求的材料，则认证机构或部门可以支持：

①首先使用未经处理过的种子或植物繁殖材料；

②如果没有未经处理过的种子或植物繁殖材料时，则使用规定所指物质以外的物质处理过的种子和植物繁殖材料。

(9)只要满足以下条件，则采集在自然区域、林业和农业区中自然生长的可食用植物及其部分被视为一种有机生产方法：

①产品来自明确划定的采集区域，且该区域受相关规定所确定的检验／认证措施管辖；

②采集前3年，这些区域未接受规定所指以外的产品的处理；

③采集不破坏自然环境的稳定性或采集物种的维持；

④产品来自于身份明确、对采集区域熟悉的管理收获或采集产品的经营者。

42.有机食品生产的基本要求有哪些?

生产基地在最近3年内未使用过农药、化肥等违禁物质；种子或种苗来自自然界，未经基因工程技术改造；生产单位建立了长期的土地培肥、植保、作物轮作和畜禽养殖计划；生产基地无水土流失及其他环境问题；作物在收获、清洁、干燥、贮存和运输过程中未受化学物质的污染；从常规种植向有机种植转换需两年以上的转换期，新垦荒地例外；生产全过程必须有完整的记录档案。

43.有机作物的转换期是几年?

由常规生产转向有机生产需要转换，其转换期的长短根据作物的生长期而定，一年生作物的转换期一般不少于24个月，多年生作物的转换期一般不少于36个月。新开荒地或撂荒多年的土地也要经过至少

12个月的转换期。

44.怎样选择有机作物的品种?

在有机作物的生产中，应使用有机种子和种苗。在得不到认证的有机种子和种苗的情况下(如在有机种植的初始阶段)，可使用未经禁用物质处理的常规种子。同时，要根据引种规律，选择适宜当地土壤和气候特点，对病虫害有抗性的作物种类及品种。在品种的选择中应该充分考虑保护作物的遗传多样性，禁止使用任何转基因作物品种。

45.作物长期连作有什么害处?

同一块地上长期连年种植一种作物或一种复种形式称为连作，又叫重茬。连作常引起减产，容易导致“土壤病”现象，这是因为：

(1)每种作物都有一些专门为害的病虫杂草。连作可使这些病虫草周而复始地恶性循环式地感染为害，如黄瓜的霜霉病、根腐病；番茄的病毒病、晚疫病；辣椒的青枯病、立枯病等。

(2)不同作物吸收土壤中的营养元素的种类、数量及比例各不相同，根系深浅与吸收水肥的能力也各不相同。长期种植一种作物，因其根系总是停留在同一水平上，该作物大量吸收某种特需营养元素后，就会造成土壤养分的偏耗，使土壤营养元素失去平衡。如禾谷类作物对氮、磷、硅吸收较多，对钙吸收较少，而且豆科作物对钙、磷、氮吸收较多，对硅吸收较少，但由于根瘤的固氮作用及根、叶残留物较多，种豆科作物之后，土壤含氮量较高，土壤较疏松；叶菜类、十字花科蔬菜作物，其根系分泌有机酸，可使土壤中难溶性的磷得以溶解和吸收，具有富集土壤磷的功能，但多数作物对固定在土壤中的磷却难以吸收。

(3)不同作物根系的分泌物不同，有的分泌物有毒害作用。如大豆根系分泌氨基酸较多，使土壤噬菌体增多，它们分泌的噬菌素也随之增多，从而影响根瘤的形成和固氮能力，这也是大豆连作减产的重要原因。高粱除吸肥力强、需肥量大外，其多量的根系分泌物可抑制小麦等其他作物生长，所以对大多数作物来说，高粱前茬不好。

(4)连作由于耕作、施肥、灌溉等方式固定不变，会导致土壤理化性质恶化，肥力降低，有毒物质积累，有机质分解缓慢，有益微生物和数量减少。

46.有机农业为什么要实行轮作?

同一块地上有计划地按顺序轮种不同类型的作物和不同类型的复

种形式称为轮作。在向有机农业转化过程中，轮作是首先要解决的问题。只有解决轮作问题，才能摆脱现代农业严重依赖的农业化学品，实现有机农业的生产，所以轮作是有机栽培的最基本要求和特性之一。无论是土壤培肥还是病虫害防治都要求实行作物轮作。这是因为：

(1)轮作可均衡利用土壤中的营养元素，把用地和养地结合起来。

(2)可以改变农田生态条件，改善土壤理化特性，增加生物多样性。

(3)免除和减少某些连作所特有的病虫草的危害。利用前茬作物根系分泌的灭菌素，可以抑制后茬作物上病害的发生，如甜菜、胡萝卜、洋葱、大蒜等根系分泌物可抑制马铃薯晚疫病发生，小麦根系的分泌物可以抑制茅草的生长。

(4)合理轮作换茬，因食物条件恶化和寄主的减少，而使那些寄生性强、寄主植物种类单一及迁移能力小的病虫大量死亡。腐生性不强的病原物(如马铃薯晚疫病菌等)，由于没有寄主植物而不能继续繁殖。

(5)轮作可以促进土壤中对病原物有拮抗作用的微生物的活动，从而抑制病原物的滋生。

47.怎样进行有机作物的轮作?

有机作物生产应采用包括豆科作物或绿肥在内的至少三种作物进行轮作。在一年只能生长一茬作物的地区，允许采用包括豆科作物在内的两种作物的轮作。除牧草、多年生作物以及在特殊地理和气候条件下种植的水稻外，禁止连续种植同一种作物。

48.有机作物怎样进行灌溉?

有机农业生产的灌溉用水水质必须符合《农田灌溉水质标准》。有机地块的排灌系统与常规地块应有有效的隔离措施，以保证常规地块的水不会渗透或漫入有机地块。禁止使用污水、污泥。

49.有机生产中应怎样注意水土保持和生物多样性保护?

有机作物生产，要采取积极的措施，防止水土流失、土壤沙化、过量或不合理使用水资源等。在土壤和水资源的利用上，应充分考虑资源的可持续利用。要重视生态环境和生物多样性的保护，重视对天敌及其栖息地的保护。提倡运用秸秆覆盖或与不同作物间作的方法避免土壤裸露，要充分利用作物秸秆，禁止焚烧处理。要严禁过度开发野生资源，禁止毁林、毁草开荒发展有机种植。

第五章　有机食品生产中的肥料管理

50.作物需要哪些必需的营养元素？

作物正常生长发育必不可少的元素和物质都叫做必需营养元素。在植物体中已发现了70种以上的元素和物质，但并不都是植物必需营养元素和物质。必需营养元素有16种，它们是碳、氢、氧、氮、磷、钾、钙、镁、硫、铁、锰、锌、硼、钼、铜、氯。其中碳、氢、氧来自大气和水分，习惯上把氮、磷、钾称为大量元素，钙、镁、硫称为中量元素，铁、锰、锌、硼、钼、铜称为微量元素。

必需营养元素在植物干组织中的含量百分比为：氮1.5%、钾1.0%、钙0.5%、镁0.2%、磷0.2%、硫0.1%、氯0.01%、铁0.01%、锰0.005%、硼0.002%、锌0.002%、铜0.0006%、钼0.00001%，我们从这些数字中可大致知道各种元素的数量。

51.各种必需元素的作用是什么？它们之间的关系怎样？

氮：蛋白质、核酸、叶绿素、植物酶维生素、生物碱的重要成分。促进细胞的分裂与增长，使作物叶面积大，浓绿色。缺氮时，生长缓慢，植株矮小，叶片薄小，发黄；禾木科植物表现为分蘖少，短小穗，子粒不饱满；双子叶植物表现为分枝少，易早衰。过量的氮素会使细胞壁变薄且肥大，柔软多汁，易受病虫侵袭，对恶劣天气失去抗性，导致生育期延长，贪青晚熟；对一些块根、块茎作物，只长叶子，不易结果。

磷：促进根系发育及新生器官形成，有利于作物内干质的积累，谷物子粒饱，块根、块茎作物淀粉含量高，瓜、果、菜糖分提高，油料作物产量和出油率提高；使作物具抗旱、抗寒特性。缺磷：生长缓慢，根系发育不良，叶色紫红，上部叶子深绿发暗，分蘖少，生育期推迟，出现穗小、粒少、子秕，玉米秃顶，油菜脱荚，棉花落花落蕾，成桃少，吐絮晚。过磷：作物呼吸作用强烈，消耗大量糖分和能量，无效分蘖增多，秕子增多，叶色浓绿，叶片厚密，节间过短，植株矮小，生长受阻，因早熟而产量降低；蔬菜纤维含量高，烟草燃烧性差；能引起锌、铁、镁等元素的缺乏，加重对作物的不利影响。

钾：促进光合作用。适宜钾量时的光合速率是钾量低时的2倍以上。促进植株对氮的利用，对根瘤菌的固氮能力提高2~3倍。对粒数和粒重有良好的作用。增强植物的抗性，如干旱、低温、含盐量、病虫危害、倒伏等。能减轻水稻胡麻叶斑病、稻瘟病、赤枯病、玉米茎腐病、棉花红叶茎枯病、烟草花叶病等危害。缺钾：叶边缘呈焦枯状，叶卷曲、赫黄色斑点，或坏死。

钙：形成细胞壁，促进细胞分裂，促进根系发育，增强植物的吸收能力，并能消除某种离子毒害的作用。缺钙：幼叶卷曲，粘化烂空，根尖细胞腐烂死亡。

镁：叶绿素的组成部分，许多酶的活化剂，能促进磷的转化吸收。还能合成维生素A、维生素C以及对钙、钾、铵、氢等离子有拮抗作用。

硫：促进氮的吸收，对呼吸有重要作用。硫还是某些植物油的成分。缺硫时叶绿素含量降低，根瘤形成少。

铁：叶绿素的成分，对呼吸和代谢有重要作用，缺铁时上部叶子出现失绿症。

硼：促进碳水化合物及生长素的正常运转，促进生殖器官的正常发育，还能调节水分吸收和氧化还原过程。缺硼：生长点和维管束受损。过硼：叶形发皱，叶色发白。

锰：多种酶的成分和活化剂，参与呼吸、光合、硝酸还原作用，能够提高含糖率、块根产量。

铜：参与呼吸作用，提高叶绿素的稳定性。缺铜：生殖器官发育受阻。

锌：对植物体内物质水解、氧化还原及蛋白质的合成有重要作用。能提高子粒重量，改变子实和茎干的比率。水稻的缩苗症、玉米的白叶病是由缺锌引起的。

钼：促进豆科作物固氮，促进光合作用的强度，消除酸性土壤中的活性铝的毒害作用。缺钼：植株矮小，生长受阻，叶片失绿，枯萎以致坏死。

氯：参与光合作用，对很多植物有着相反的作用。

各种营养元素的作用是同等重要和不可替代的，缺一不可，否则整个生长周期不能完成。人们强调施用氮、磷、钾三要素，这仅仅是由于植物与土壤之间在供求数量上不协调，需要通过施肥措施来调节。而未被强调的那些元素并非不重要，不用施用，现已达到必须采用施肥来调节的程度。

52.怎样进行有机作物的土壤培肥?

有机农业理论认为施肥首先是培育土壤，再通过土壤微生物的作用来供给作物养分。根据有机生产为一相对封闭的养分循环系统的原理，有机肥应尽可能地来自本系统，即要尽可能地将系统内的所有有机物质归还土壤，要提倡种植豆科作物进行土壤培肥。

有机肥是有机种植的主要肥源。在土壤培肥计划中，一定要保证有足够数量的有机肥维持土壤的肥力和其中的生物活性。有机作物生产中使用的所有肥料应对作物和环境无害，这些肥料应以来自有机生产体系为主。在土壤培肥过程中允许使用有机农业体系中的农家肥、作物秸秆和绿肥，允许使用有机农业体系以外生产的饼粕，允许使用矿物质类的镁矿粉、天然硫磺、石灰石、石膏、粘土、氯化钙、窑灰、磷矿粉、硼酸岩和泻盐类，允许使用微生物制品、天然植物生长调节

剂和植物制品及其提取物。在无法获得允许使用物质的情况下，可以在有机生产体系中有条件地使用体系以外生长的秸秆、堆肥，来自未经化学处理木材的副产品及腐殖酸物质，农家肥及充分腐熟的人粪尿，未掺杂防腐剂的动物血、肉、骨头和皮毛，不含合成添加剂的食品工业副产品，不含合成添加剂的泥炭、骨粉，矿物质类的碱性炉渣，钙镁改良剂，钾矿粉和微量元素。一般情况下，有条件使用的物质必须有特定的来源，并能够说明未受污染。

非人工合成的矿物肥料和生物肥料只能作为培肥土壤的辅助材料，而不可作为系统中营养循环的替代物。

在有机作物的生产中必须合理选择有机肥种类，针对不同的作物品种科学施肥。有机肥的施用不能过量，防止作物中亚硝酸盐含量超标。充分腐熟的人粪尿不得用于叶菜类作物和块根、块茎类作物，在其他作物上也是限制使用。

土壤培肥是一种复杂的技术行为，有机农业要求利用有机肥和合理的轮作来培肥土壤，必须综合考虑肥料、作物、土壤等因素，建立有机耕作的“平衡施肥”观念及根据作物品种和土壤供肥性能配合使用各种有机肥，以满足作物对氮、磷、钾及其他营养元素的需要和土壤培肥的系统观念，以确保提供作物足够的养分，获得高产，并保持土壤肥力经久不衰。

53.有机肥的主要原料有哪些?

有机肥主要来源于植物或动物，施于土壤以提供植物营养为其主要功能的含碳物料。有机肥经生物物质、动植物废弃物、植物残体加工而来，消除了其中的有毒有害物质，富含大量有益物质，包括多种有机酸、肽类以及包括氮、磷、钾在内的丰富的营养元素，不仅能为农作物提供全面营养，而且肥效长，可增加和更新土壤有机质，促进微生物繁殖，改善土壤的理化性质和生物活性，是有机食品生产的主要养分。

细数有机肥的原料主要有以下部分：

(1) 泥炭：泥炭也称草炭，是已被应用很久的有机肥料。泥炭是古代生物长期沉积转换的产物，施用后在土壤中分解甚为缓慢，对长期性土壤有机质的增加是最有效的质材。泥炭产品的腐熟或转化程度各产地都有或多或少的差别，因为泥炭有高量的土壤精华——腐殖酸，泥炭中另含有黄酸及腐殖胶，有机质含量高，灰分不应太高。泥炭质轻呈酸性，但商业产品中已中和处理，并大都已调整泥炭中的营养成分，疏松土壤及保水功能甚佳。但与古生物在数万年形成的泥炭土不同，泥炭苔及泥炭土都是土壤的良好改良剂。

(2)动物废弃物：包括动物粪便(鸡粪、猪粪、羊粪等)、废弃残体(鱼粉、骨粉、羽毛、皮毛等)等。粪便类的成分依饲料的不同及添加材料的多少，将影响品质甚大，例如鸡粪中添加过多的稻谷，就影响成分含量，购买时应注意品质。鱼渣类及羽毛类均含有相当高的氮素，一般羽毛类含较高的蛋白质，可视为氮肥来源。商品中也有将蛋白质分解到氨基酸，成为氨基酸类的氮肥。骨粉含量较高的钙磷肥，是属较慢分解的有机磷肥。粪便类(如猪粪)有机质材尤需要注意重金属铜的过量问题，因为部分饲料的添加化学物将影响粪便的品质。

(3)植物及微生物残体或废弃物：包括已分解(或半分解)及未分解的区别，常见分解腐熟的堆肥，堆肥的品质是依使用的材料、营养含量的多少及腐熟度的差别而有所不同，一般腐熟度是以“碳氮比”为标准，“碳氮比”愈低者为愈腐熟。

干燥的微生物体则以酵母粉最为常见，所含氮素也较多量，可视为重要的微生物质材之一，也可供堆肥发酵的促进材料。未腐熟的有机肥料常见的有豆饼、各种种子渣、纤维木质屑等，豆类饼渣是含氮素较高的氮肥，硬质壳渣是不易分解的有机质，可视为良好的土壤长期改良剂。

(4)萃取或浓缩的有机肥料：商品中有从动、植物及微生物体中萃取的有机物，呈液体或浓缩粉状，内含各种有机物及营养元素(包括微量元素)，甚至含有酵素、植物荷尔蒙、抗生素等萃取物，常见的有海草类、鱼类等萃取物，可视为综合性营养剂。

54.有机农业中能选用有机肥的种类有哪些？

有机农业中能选用有机肥的种类主要有厩肥、植物体残质、绿肥、商业有机肥等。其中商业有机肥分两类：

一类是纯有机质肥料：包括泥炭、有机质残体、粕类(为有机质肥料，有机质为30%～50%)；酵母粉、粪便、毛类、豆粉、血粉(为有机氮素肥料，含5%～14%氮)；骨粉(为有机磷素肥料，含13%磷)；混合有机质氮肥与骨粉(为有机氮磷肥料，含4%～10%氮、2%～10%磷)；海鸟粪、鱼渣、动物残质废料(为有机氮磷钾肥料，含4%～6%氮、4%～5%磷、2%钾)。

另一类是有机—矿物质肥料：包括动植物废弃物、垃圾、工厂有机污泥(为有机—矿物混合肥料，含25%～40%有机质、1%～3%氮磷钾)；泥炭(为泥炭—矿物混合肥料，有机质大于35%，含1%～3%氮磷钾)；酵母、木质素、豆类(为有机—矿物混合氮肥，含4%氮)；动植物废弃物及残质(为有机—矿物混合氮磷钾肥，含4%氮磷钾)。

55.生物有机肥与农家肥有何区别？

生物有机肥，指特定功能微生物与主要以动植物残体(如畜禽粪便、农作物秸秆等)为来源，并经无害化处理、腐熟的有机物料复合而成的一类兼具微生物肥和有机肥效应的肥料。农家肥是指农民将畜禽粪便、厩肥或农作物秸秆等混合，堆积而成的有机肥料。两者区别在于：一是有益微生物差异。生物有机肥含有大量的有益微生物，微生物的活动能够改善土壤理化性状，抑制有害微生物的生长，促进作物生长；农家肥微生物含量较少，有益微生物和有害微生物共生。二是肥效的差异。生物有机肥发酵时间短，腐熟彻底，养分损失少，肥效相对较快；农家肥露天长时间堆积，养分(特别是氮素)损失较多。三是安全性差异。生物有机肥经过有益微生物的作用，基本消灭了畜禽粪便中原有的对作物生长有害的病虫。另外，生物有机肥经过发酵，充分腐熟后施入土壤，不会造成作物烧根、烧苗，而农家肥腐熟不彻底，用量稍大，就会出现烧根、烧苗，导致减产。

56.什么是堆肥？

堆肥是利用含有肥料成分的动植物遗体和排泄物，加上泥土和矿物质混合堆积，在高温、多湿的条件下，经过发酵腐熟、微生物分解而制成的一种有机肥料。

堆肥是一种古老的肥料，制造堆肥必须先收集适当的材料，例如稻草、茎蔓、野草、树木落叶或是禽畜粪便等，然后将其适当混合，并添加适量的氰氨化钙，促其发酵，然后覆盖上破席、破布、稻草或塑胶布，以避免肥分丧失。然后每隔大约三、四个星期翻积一次，大约经过三个月，即可将此堆肥搬入田中开始使用。

堆肥最好放置在堆肥舍中。若无堆肥舍也可使用露天堆肥，但必须选择适当地点，以免因日晒、雨淋及风吹，导致肥分丧失。

57.为什么要制作堆肥?

大量产生的农业及畜产废弃物，如不能适当处理，不但占用空间，又影响环境卫生，降低生活质量；若任其弃置或焚烧处理，则又有可能造成水质、土壤与空气等的二次污染。将这些废弃物中尚有利用价值的有机质经堆肥化后回归农田土壤，不但可以解决废弃物问题，而且可以增进地力。

在堆肥化过程中，有机碳被微生物呼吸代谢而降低碳氮比，所产生的热能可使堆肥温度达到70℃以上，能杀灭病菌、虫卵及杂草种子。大部分有机材料若直接进入土壤中，分解时会产生有毒物质，并会消耗氧气，造成土壤还原状态。若将碳氮比大的堆肥材料直接施用于土壤中，在分解初期会造成土壤中某些养分有效性暂时下降，尤其是氮素影响最大。这些材料经腐熟后再施用，可减少有害因素，避免抑制作物生长。另一方面，有些堆肥材料纤维强韧，经过堆积后较松软而利于施用；有些堆肥材料具有强烈的臭味，制成堆肥后不但没有臭味而且具有泥土的芳香。

58.如何制作堆肥?

堆肥的过程是一连串微生物的反应，以下就碳氮比、水分及空气、温度、酸碱度及腐熟度分别说明堆制时控制或判断的方法。

碳氮比：微生物需要碳当作能源，需要氮来进行代谢，堆制起始碳氮比约在30以上，经堆积发酵后，碳氮比逐渐减少至20以下。正确的碳氮比需要化学分析及计算，简单的方法是，可将材料分为三类：甲类包括木屑、谷壳、稻草及花生壳等，为提供碳源、构成堆肥主体及决定物理性状的材料；乙类为鸡粪、猪粪、米糠、豆粕及肉骨等，主要作用为提供氮源以利微生物作用；丙类为牛粪，不经堆制也可直接大量施用。若以容积比例来估计，可约略以乙类材料占甲类之1/10～1/3为适当。另外，若对磷肥或钾肥需求较高，可选用氮磷比或氮钾比较低的材料，则可制作出磷或钾肥效较高的堆肥。

水分及空气：此二项占有相同空间，所以互为消长，水多则气少。水分为生物所必需，在堆肥中约低于10%时即无法反应；又因为好气性反应较厌气性反应快速且完全，且有害物质之产生较少，因此水分含量超过90%时将不利于反应。水分含量约为60%时最有利于堆制过程中的反应。实践上可以手掌握住堆肥，水滴似要滴下的状态即可。空气的供应主要有强制通气及翻堆两种方法，若有通气设备可有效缩短堆制时间，通气量则以每小时体积比1/50为适宜；翻堆在最初时为避免水分、氮素及臭气挥散，可隔1～2周翻堆一次，后期则可稍增加翻堆频率。为使堆肥保持良好通气度，在材料中需要有树皮、锯木屑及稻壳等添加物，使其适于通气。

温度：微生物新陈代谢所产生的热能不断累积，在正常情形下皆可在数日内升高达60℃，甚至到70℃以上。这种高温可维持一段时间，不但可促进微生物反应，缩短腐熟时间，而且可杀灭病菌、虫卵、杂草种子等。除非堆制失败，否则高温是堆肥过程中之正常现象。因温度不易控制，故建议只要对温度进行监测观察而不必特别加以管理。

酸碱度：在不同的酸碱度范围中有不同的微生物族群，可对不同种类的有机物进行分解，虽然其对 pH 值适应范围相当广，但仍以中性为佳。因此，除了材料中有极酸或极碱的物质，一般不须对酸碱度加以控制。堆肥腐熟后常呈中性或微碱性。

腐熟度：将腐熟度不足的堆肥施入土壤中，可能有前述不利的问题发生。有许多方法可以测定堆肥腐熟度，但大部分需化学分析结果作为依据。一般较可能自行判断的方法就是利用种子发芽法及堆肥外观变化。选用白菜、莴苣或萝卜等较敏感的蔬菜种子，以堆肥热水抽出液使其湿润，若发芽率达到60%以上时，则可判定此堆肥未严重抑制作物生长。另外，堆肥腐熟后结构疏松，呈深褐色或黑色，没有刺鼻臭味而呈泥土香味。

59.有机肥料有哪些主要特性?

有机肥料是一种完全肥料，它不仅含有大量元素和许多微量元素，而且还含有一些植物生长所需的激素和多种土壤有益微生物，其主要特性有：

(1)改善土壤养分状况。有机肥料施入土壤后，经过微生物的分解转化，变成作物能够吸收利用的有效养分，提高土壤供肥能力。有机肥料中的有机酸与钙、镁、铁、铝形成稳定性很强的络合物，从而减少磷的固定和铁、铝的毒害。有机酸及其盐类对土壤酸碱度具有缓冲作用，能提高土壤的缓冲能力。

(2)改良土壤结构。有机肥料在微生物的作用下形成的腐殖质是一种有机胶体，能将土粒结合在一起，形成稳定的团粒结构，增加土壤的通气性和透水性，改善土壤的水、肥、气、热状况，有利于作物生长。

(3)促进微生物活动。有机肥料为微生物活动提供大量的能源物质，不仅可以加速有机质本身所含养分的分解、转化和释放，而且有助于土壤中原有的磷、钾等矿质养分的释放，加速土壤中生物小循环的过程，有利于土壤有效肥力的进一步提高。

60.有机肥料在土壤中的转化过程是怎样的?

有机肥料施入土壤后向两个方向转化：一是把复杂的有机质分解为简单的化合物，最终变成无机化合物，即矿质化过程；二是把有机质矿化过程形成的中间产物合成为比较复杂的化合物，即腐殖化过程。

(1)矿质化过程。进入土壤的有机肥料在微生物分泌的酶作用下，使有机物分解为最简单的化合物，最终变成二氧化碳、水和矿质养分，同时释放出能量。这种过程为植物和微生物提供养分和活动能量，有一部分最后产物或中间产物直接或间接地影响土壤性质，并提供合成腐殖质的物质来源。这些有机质包括糖类化合物、含氮有机化合物、含磷有机化合物、核蛋白、磷脂、含硫有机化合物、含硫蛋白质、脂肪、单宁、树脂等。土壤有机质的矿化过程，一般在好气条件下进行速度快，分解彻底，释放出大量的热能，不产生有毒物质；在厌气条

件下，进行速度慢，分解不彻底，释放能量少，其分解产物除二氧化碳、水和矿质养分外，还会产生还原性的有毒物质，如甲烷、硫化氢等。旱地土壤中有机质一般以好气性分解为主，水稻田则以厌气性分解为主，只有在排水晒田、冬种旱作时，才转化为以好气性为主的分解过程。

(2)腐殖化过程。该过程是在土壤微生物所分泌的酶作用下，将有机质分解所形成的简单化合物和微生物生命活动产物合成为腐殖质。土壤腐殖质的形成一般分为两个阶段：第一阶段，微生物将有机残体分解并转化为较简单的有机化合物，一部分在转化为矿化作用最终产物时，微生物本身的生命活动又产生再合成产物和代谢产物；第二阶段，再合成组分，主要是芳香族物质和含氮的蛋白质类物质，缩合成腐殖质分子。腐殖质是黑褐色凝胶状物质，分子量大，具有多种有机酸根离子、不均质的无定型的缩聚产物。在一定条件下，可与矿物质胶体结合为有机无机复合胶体。腐殖质在一定的条件下也会矿质化、分解，但其分解比较缓慢，是土壤有机质中最稳定的成分。

61.如何正确使用有机肥料？

施用有机肥料效应比较明显：一是能改良土壤理化性状，增强保水、保肥性能，提高持续供肥能力；二是能显著增强作物抗逆能力；三是能改进农作物的品质，特别是对提高西瓜、甘蔗、草莓等水果的甜度十分明显；四是能促进农作物增产，一般施用生物有机复合肥的比单一施用化肥的增产10%左右；五是能减轻农业环境的污染，可大量生产有机食品。

虽然有机肥料有很多显著的优势，但在市场占有的份额还比较有限，各地运用情况也存在很大的差异。其主要原因是，有的地方反映销售价格偏高，农民难以承受；有的反映肥效启动较慢，作物显性效应较弱；有些采用塑料大棚种菜的农户反映有烧苗的现象。为什么会出现这些问题？一是选用生产肥料的原材料价格过高，销售的中间环节过多，层层加价；二是单一施用生物有机复合肥，忽视了其他肥料的作用，或是施用量过低；三是施肥时土壤墒情不足，或者是当时气温太低；四是一次施用量过大。对此，为了充分发挥有机肥料的肥效，应该采用增产节支、正确引导、科学使用的方法加速推广运用。

第一，要降低生产成本。一是就地采用有机原料，不要远距离调运，增加成本；二是减少销售中间环节，生产与销售近距离对接；三是搞好售后服务，组织科技下乡，使肥料快速发挥肥效。

第二，要足墒适温施用。无论在何种土壤上施用，都要有充足的墒情促其迅速分解转化。气温在10～30℃的范围内肥效较好，当气温低于10℃或高于35℃时，肥料转化、吸收就会产生障碍。

第三，要配套正确施用。一是为了使肥料体现长效与速效的持续效应，凡是施用生物有机复合肥的大田，要根据不同作物需要配施其他营养元素。二是作基肥施用，要根据有机肥料种类适量施用，特别是塑料大棚种菜的更不能超量施用。三是土壤墒情不足时，施用后要及时抗旱调墒。

62.商品有机肥料主要有哪些类型？

目前，我国商品有机肥料大致可分精制有机肥料、有机无机复混肥料、生物有机肥料三种类型。

(1)精制有机肥料。指经过精密严格的把无害的有机养分经过工厂化生产的一种有机质含量较高的精制有机肥料。它是有机农产品生产的主要肥料品种。

(2)有机无机复混肥料。由有机和无机肥料混合或化合制成，既含有一定比例的有机质，又含有较高养分的肥料。它是当前我国农作物施用最多的肥料，但不可用于有机农业生产。

(3)生物有机肥料。指经过工厂化生产，含有较高的有机质，又含有改善肥料和土壤中养分释放能力的功能性微生物。随着我国有机食品生产的发展和微生物技术的突破，生物有机肥料的发展前景是相当可观的。

63.怎样判断有机肥的优劣?

有机肥料是用畜禽粪便等有机废弃物质加工而成的，其质量优劣可通过“一看、二摸、三水泡”来判断。

一看：看有机肥料外观颜色，物理方法干燥的有机肥料仍保持原粪便的颜色，只是水分减少，通过堆肥技术处理的有机肥料腐熟后颜色变为褐色或黑褐色，在成品中没有其他杂质。

二摸：用手抓一把优质有机肥料，其手感一致，湿时柔软有弹性，干时很脆，容易破碎，劣质有机肥料用手可以摸到杂质，特别是沙子。

三水泡：拿两杯清水，分别放入一些优质和低劣有机肥料，几分钟就可分辨出真伪。有机肥料掺假一般是加入沙子或土来增加重量。优质有机肥料在水中分布均匀，而劣质有机肥料的杯底沉入很多沙子或土，两者区别明显。

64.怎样才能保持和提高土壤肥力?

有机肥料养分完全，肥效稳而长，含有机质多，能提高土壤有机质含量，改善土壤理化性状，提高土壤保肥供肥和保水供水能力。因此，必须定期向土壤中补充有机肥料。每年向土壤中施有机肥的数量，南方与北方不同，水田和旱地不同，砂土地与粘土地不同，地下水位低和地下水位高的田不同。其实质是指有机质的矿化率不同。土壤有机质的矿化率，南方比北方大，旱地比水田大，砂土地比粘土地大，冬犁田比冬浸田大，地下水位低比地下水位高的田大。

土壤有机质的施入量一般可以这样估算。如有一块田，其土壤有机质含量为2%，耕作层土壤的总重量为15万千克，土壤原有的有机质矿化率为4%，这块田一年中土壤原有的有机质的分解量为：

150000×2%×4% ＝120千克

若要使这块田的土壤有机质保持在2% 的水平，每年至少要补充土壤有机质120千克。但是施入的有机质，其当年的矿化率为75% 左右，剩下的只有25% 左右，因此要使上述这块田的土壤有机质含量得到保持，每年施入的有机质至少应为4×120千克，即480千克才行。

65.通过哪些措施可以增加土壤有机质？

增加土壤有机质的措施必须从开源和节流两方面考虑。开源就是要多生产有机质，广辟有机肥料来源。节流是要把土壤本身生产的有机质尽可能多地还给土壤，并通过耕作措施和合理的作物布局减少土壤有机质的分解消耗。通俗地说，常用的途径就是种、还、施三结合的手段。种，适当地种植绿肥作物；还，秸秆还田；施，增施有机肥。

种植绿肥既作土壤覆盖，又是增加土壤有机质的有效途径。据试验，无论何种土地，每年667平方米翻压1吨绿肥鲜草，5年后土壤有机质增加0.1%～0.2%，全氮提高0.011%，总腐殖酸增加6.1%，活性有机质提高17.4%。

利用秸秆还田，提高土壤生物产量的返还率。秸秆含有丰富的有机质和矿物营养元素，若秸秆不还田，有机质和矿物损失不能归还土壤，长期持续下去，会造成土壤有机质的匮乏，影响作物生长。

增施有机肥是土壤有机质的最直接来源。增施有机肥不但能稳定持久供氮，弥补土壤中氮素营养的消耗，且能提供锌、硼等多种微量元素。若在施肥时忽视有机肥的投入，则会破坏土壤生态平衡，如东北黑土地是我国公认的肥沃良土，由于倚重化肥轻视有机肥，地力明显下降，有机质含量已由刚开垦时的8%~10%，降至目前的1%~5%，大片黑土地正在由黑变黄。

66.土壤有机养分是怎样形成的?

土壤中有机养分是指土壤来自动植物的所有有机物质，外观上可分为基本上保持动植物残体原有状态的有机物，被分解而原始残体状态已辨认不出的腐烂物，以及在微生物作用下合成的、往往和土壤有机胶体及微生物复合在一起的腐殖质有机胶体三种类型。三种类型是动植物残体分解转化的不同阶段，但其主要成分均是碳水化合物、含氮化合物和类木质素。在自然条件下，树木、草类和其他植物的植被、落叶和根部，每年提供大量的有机残体。另外，农田的大量植物残体仍留在土壤中，这些物质被土壤中的微生物分解转化成各种营养养分，贮藏在土壤中，形成土壤有机质。土壤有机质由于微生物的活动而不断分解，分解的速度要比岩石矿物风化快得多，所以很不稳定。土壤有机质含量的多少，直接影响着土壤养分的供应。

67.土壤养分是怎样消耗的?

土壤养分的消耗，主要是指每年作物从土壤吸取的养分、土壤中随下渗水淋失的养分以及在养分转化过程中以气体形式挥发的氮素养分，另外土表水土流失造成的土壤侵蚀，也引起各种土壤养分损失。土壤中含有大量的微生物，这些微生物种类繁多，时刻在分解土壤有机质，从中获取它们生长繁殖所需的能量和营养物质，同时将那些与有机质结合而植物难以利用的各种潜在养分变成有效养分，供作物生长发育，使土壤中的营养物质总量下降。作物生长发育所需的营养物质，几乎都是从土壤溶液中吸取。降水或灌溉，增加了土壤中水分的含量，能够满足作物对水分和养分的需求。但是土壤中水分的增加，

也加速了土壤溶液的扩散，使营养物质从作物根层范围内被淋溶或淋洗到土壤深层，从而导致作物根际有效空间内的养分含量减少。养分淋失的程度与土壤质地密切相关，粘土地中的粘粒对养分离子有较强的吸附保持力，养分淋失相对要少，而沙土吸附力弱，养分很容易随水分淋溶到土壤深层。土壤养分消耗，使作物根际有效空间内养分配比和含量发生很大变化，有的养分不能满足作物对营养的需求，影响作物的正常生长发育。在这种情况下，就必须进行人工施肥，补充营养物质，以满足作物的正常生长发育。

68.什么叫腐殖酸类肥料？

以富含腐殖酸的泥炭、褐煤、风化煤为原料，经过氨化、硝化等化学处理，或添加氮、磷、钾及微量元素制成的一类肥料，称为腐殖类肥料。它是有机、无机复混肥料，具有改良土壤理化性状，提高化肥利用率，刺激作物生长发育，增强农作物抗逆性能，改善农产品品质等多种功能。

69.腐殖酸类肥料有哪几种？如何施用？

腐殖酸类肥料目前主要有以下几类：腐殖酸类、硝基腐殖酸类及提纯腐殖酸类产品。前两者多与氮、磷、钾及微量元素制成单元或多元腐殖酸复混肥，提纯腐殖酸主要制成易溶于水的钾、钠、铵盐，用于浇灌或喷洒在农作物上，作为生长调节剂使用。

腐殖酸或硝基腐殖酸复混肥，主要用作基肥，集中施用(条施或穴施)，根据其中腐殖酸及养分含量，每667平方米施用25～50千克。由于腐殖酸复混肥具有肥效缓、稳、长的特点，应早施，防止作物贪青晚熟。

提纯腐殖酸钾、钠、铵盐，可以制成水溶液，随灌溉水浇到田里，每667平方米用量约0.5～1.0千克。果树作为灌根用，浓度为0.1%，浇灌量视树体大小而定。提纯腐殖酸钾、钠、铵盐水溶液可以用作浸种，对提高发芽率、培育壮苗有利，浸种浓度为0.005%～0.01%，浸种时间依种子大小、种皮厚薄而定。其溶解状态的腐殖酸盐类，最广泛的用途是叶面喷洒，可以增加叶绿含量，恢复根系活力，促进养分向果实、种子转移，改善农产品品质等。其喷洒浓度为0.01%～0.05%，每667平方米喷液量50千克，其喷洒时间为孕穗到开花期，或灌浆初期为好，对减少禾本科作物空秕率，提高千粒重有好处。果树在幼果形成期喷洒，可减少落果，提高产量，改善品质。

70.腐殖酸肥料使用时应注意什么？

腐殖酸肥料作基肥、种肥比作追肥好，集中施比撒施好，深施比浅施好。同时腐肥不能完全替代无机肥和农家肥，必须配合有机肥料施用，尤其与磷肥配合使用效果更好。

各类腐肥物料投入比不同，制造方法不同，养分含量差异很大，在施用时需掌握适宜的浓度。

腐殖酸钾、钠为激素类肥料，应注意温度，施后天冷见效慢，天热见效快，一般温度需在18小时以上见效。若气温高于38℃时，会加速作物的呼吸作用降低干物质积累，造成减产，应停止施用或减少施用次数及用量。

腐铵肥料只有土壤水分充足、灌溉条件好的地方，才能充分发挥肥效。

71. 氨基酸微肥的应用方法怎样?

近几年来，微量元素的利用率问题越加受到重视，解决此问题的方法之一就是选择合适的螯合剂，将微量元素螯合起来，以最大限度地提高作物对其吸收率。研究发现，螯合剂中复合氨基酸是效果最好、价格最低的一种。其不仅稳定常数适中，且不受土壤 pH 值及其他离子的干扰，可被作物直接吸收。氨基酸微肥用于农作物，具有明显的提高产量、改善品质、降低农药残留、保护生态环境等作用。另外，由于氨基酸微肥生产工艺不断改进，原料来源广（主要是毛发、棉粕等），生产成本越来越低，从而为廉价获取氨基酸螯合物提供了保证。因此，氨基酸微肥已在农业生产中扮演了越来越重要的角色，发挥着越来越重要的作用。

(1)应用范围。氨基酸微肥的使用范围很广，从粮食作物（水稻、小麦、玉米）到油料作物（油菜、大豆、花生），以及经济作物（棉花、茶叶、烟叶、桑叶）、水果（苹果、梨、柑橘、荔枝、龙眼、桃、李、杏、葡萄）、蔬菜（黄瓜、青菜、扁豆）等，几乎对所有的农作物都有不同程度的促进作用。

(2)使用方法和应用效果。氨基酸微肥对农作物具有提高产量、改善品质、降低农药残留等作用，已被国内外越来越多的研究所证实。但对于不同的作物其使用方法不同，效果也不一样。使用方法一般有喷施、拌种、基施三种方式。喷施以300～600倍液为好，拌种则以1%为好。从增产效果比较，喷施优于拌种和基施。谷物在拔节期喷施，棉花、花生、大豆在初花期喷施，水果类作物在幼果期喷施，每667平方米用稀释液50千克左右，增产幅度可达10%～50%；拌种的增产效果一般达5%～10%；而基施的增产效果可达10%～15%。

72.氨基酸微肥的应用效果怎样?

下面介绍氨基酸微肥在几种主要农作物上的应用效果。

(1)小麦。施用氨基酸微肥后,不仅对小麦的营养生长有一定影响,而且可使叶片的叶绿素含量提高,光合能力加强,子粒灌浆速率加快,粒重和产量提高。试验表明,将拌种和叶面喷施相结合的效果会更好,其次是叶面喷施,单纯拌种对产量影响较小。

(2)白菜。在移栽前1天对白菜苗床的移栽苗以及移栽后7天和移栽后14天的定植苗分别用不同浓度氨基酸液肥喷施1次,能使植株增高,单株净菜重量提高,生育期缩短。

(3)茶树。喷施氨基酸微肥后,能提高茶树光合作用,增进茶树体内酶的活性,促进新梢生长量增加,芽叶粗壮,持嫩性强,芽头密度增多,百芽重增加,提高产量。同时喷施氨基酸微肥可促使茶树生长速度加快,提前达到名优茶采摘标准,从而提早名优茶的采摘期。喷施时间在茶树休眠期喷1次,在采摘前26天再喷1次。喷施时应在阴天或晴天下午进行,叶面和叶背两面均应喷湿。

(4)大棚蔬菜。据对棚室番茄、黄瓜、辣椒、韭菜等蔬菜试验,每667平方米用氨基酸复合微肥300~400倍液50千克,在蔬菜定苗后每隔10天喷1次,连喷3次,各类蔬菜比对照增产19.0%~35.1%,且品质提高。此外,还可防治一些真菌性病害,如霜霉病、疫病、枯萎病等。喷洒氨基酸复合微肥后,能增加植物体内花青素、叶绿素等物质的合成,活化植株机能,促进植物光合作用,此外还能增强植物固氮作用,加强营养生长以提高产量。若加以拌种,还可促进根系发育,增强植株抗寒、抗旱作用。

(5)花生。氨基酸肥料对植株地上部生长及根系活力有较好的促进作用,荚果数及饱果数亦有明显的提高。其适宜喷施量为每次80毫升/667平方米，于苗期、初花、结荚期各喷1次，并于初花后20天喷施250微克/克的多效唑1次，可使花生增产31.1~34.8千克/667平方米，产量提高12.89%~13.5%。

(6)西瓜。在西瓜伸蔓期、开花坐果初期、膨瓜期分别喷施氨基酸复合液肥300倍液，可使西瓜增产444.6千克/667平方米，产量提高15.8%；可溶性固形物百分含量增加11%，比对照提高11.3%。

(7)果树。苹果树上喷施氨基酸复合肥，可使百叶重增加21.0~31.5克，每667平方米产量提高21.6%~30.8%。同时，可明显改善苹果品质，即可使硬度提高0.02~1.22千克/平方厘米，糖含量增加0.60%~0.84%，花青苷含量也有增加。氨基酸复合肥在苹果树上的喷施质量浓度为500~700倍液。

(8)棉花。喷施氨基酸复合肥，可使棉苗长势旺盛，产量提高。棉苗5～6叶期（移栽后15天左右）喷施第1次，盛蕾至初花期喷施第2次，花铃期喷施第3次。喷施质量浓度及用量：第1次50～75千克／667平方米，第2、3次150千克／667平方米，第2次加喷1～1.5克／667平方米缩节胺。在不产生肥害的前提下，喷施浓度可适当提高，但仍以300∶1为宜，高温时期或温室内可以降到500∶1。

(9)大豆。氨基酸微肥拌种和喷施均可显著促进大豆早熟，提高作物产量，增加大豆的抗逆能力。由于拌种劳动强度大，因此可与种衣剂配合使用。采用喷施法，既可使大豆增产、增抗，又能促进其早成熟，效果很好。

73.什么是酵母菌？

酵母菌是一些单细胞真菌，并非系统演化分类的单元。酵母菌是人类文明史中被应用得最早的微生物，可在缺氧环境中生存。目前已知有1000多种酵母，根据酵母菌产生孢子(子囊孢子和担孢子)的能力，可将酵母分成三类：形成孢子的株系属于子囊菌和担子菌；不形成孢子但主要通过出芽生殖来繁殖的称为不完全真菌，或者叫“假酵母”（类酵母）。目前已知大部分酵母被分类到子囊菌门。酵母菌在自然界分布广泛，主要生长在偏酸性的潮湿的含糖环境中，而在酿酒中，它也十分重要。

74.什么是酵母菌肥？

酵母菌肥是一种多功能型菌剂，其主要功效如下：

(1)促进作物生长，提高作物产量。有益菌分泌的代谢活性物质(如赤霉素、细胞分裂素、生长素等)能刺激作物生长发育，抑制徒长，调整作物营养平衡吸收，平衡生长。作物根系发达，叶面宽厚柔软、有韧性，光合作用增强，开花早，结果多，膨果均匀，高产高效。

(2)诱导抗性基因的表达，提高作物抗病抗逆能力。一方面有益菌在作物根系周围大量繁殖，形成优势菌群，能有效地阻止病原菌侵染作物，减少作物发病机会。另一方面，有代谢活性物质能诱导作物产生抗体，增强作物的抗病性、抗逆性，增强作物抗旱涝、低温的能力。

(3)促进有效物质合成，改善农产品品质。有效地改善农产品的外观，促进氨基酸、可溶性糖、维生素等营养元素的合成，降低硝酸盐、重金属等有害物质含量，使农产品口感好，保鲜时间长、耐储存，提高了商品价值。

(4)改善土壤结构，增进土壤肥力。有益菌在作物根系周围大量繁殖，分泌的胶性物质有利于土壤团粒结构形成，使土质疏松、透气、保水、保肥，能有效地分解被土壤固定的氮、磷、钾等物质，转化为能被作物直接吸收利用的营养，提高化肥的利用率。

75.酵母菌肥的使用方法有哪些?

酵母菌肥的使用方法主要有：

(1)拌种。苗齐、苗壮、根系发达，预防病毒侵害，作物整个生长周期受益。小麦、玉米、水稻、棉花等种皮不易划伤的种子拌种时，按1千克菌剂拌20千克种子的比例，将种子喷少许清水润湿种皮，撒上菌剂，翻拌均匀、晾干，即可播种。玉米、花生、大豆、大姜、马铃薯、山药等易划伤种皮的种子，可用1千克菌剂拌10～20千克细湿土，再与种子混拌，然后分离出种子播种。

(2)作蔬菜营养土。按菌剂1∶湿土50的比例制作营养菌土。育苗时，用作苗床土或盖种土。移苗定植时，可作抓窝肥。播种时，用作盖种土。

(3)蘸根。移苗定植时，直接用菌剂蘸根定植。营养钵育苗的，可将土坨底部蘸菌剂定植。苗、根健壮，成活率高。扦插育苗时，按菌剂1∶细土20的比例，加适量清水做成泥浆，将作为根部的部位蘸取泥浆后扦插。促进切口愈合，防止病菌从切口感染，促进生根，提高扦插成活率。

(4)用作基肥。与充分腐熟的畜禽粪便、植物秸秆、饼肥等有机肥以及土杂肥等混匀，作基肥施用，3～6千克/667平方米。土传病害、地下虫害严重地块，可以加大菌剂用量。

(5)果树类追肥。结合果树类追施有机肥，将菌剂拌有机肥施用。667平方米用量4～8千克，根据果树大小可适当增减用量。果树追施菌剂，树势旺盛，病害少，坐果率高，畸形果少，表光着色好，糖度和维生素含量提高，口感好，耐储藏。

76.土壤微生物有什么作用?

土壤中的微生物在植物生长过程中起着十分重要的作用，可以说植物的生长与健康需要微生物为其共生伙伴。其作用主要表现在：合成土壤腐殖质，增加土壤有机物质，促进营养物质转化，改善土壤物理结构，促进自然界的物质循环具有重要作用等。概括来说就是有机营养，抑制病害，造肥解毒。

77.微生物在农业中的主要应用领域有哪些?

微生物在农业中的主要应用领域有：

(1)微生物肥料。含有特定微生物活体的制品，可增加植物养分的供应量或促进植物生长，提高产量，改善农产品品质及农业生态环境，即提供营养物质、分泌促生物质(生长素、细胞分裂素)。目前常用的微生物肥料有：

①固氮微生物肥料：根瘤菌肥、联合固氮菌肥、蓝细菌菌肥(大豆、花生、玉米、小麦等)；

②能分解土壤中的有机质，释放出其中的营养物质供植物吸收的微生物制品；

③难溶矿物可溶化肥料：硅酸盐细菌肥料和磷细菌肥料；

④菌根菌肥料；

⑤复合微生物肥料。

(2)农用微生物菌剂(微生物肥料)的作用。

①改良土壤养分供应状况。微生物肥料主要通过各种菌剂促进土壤中难溶性养分的溶解和释放。同时，由于菌剂的代谢过程释放出大量的无机、有机酸性物质，促进土壤中微量元素硅、铝、铁、镁等的释放及螯合，有效打破土壤板结，促进团粒结构的形成，改善土壤的通气状况，还对土壤中有机物的分解起着明显的作用，并促进了物质的转化。

②促进作物生长。微生物肥料中许多微生物菌种在生长繁殖过程中会产生对植物有益的代谢产物，这些物质与植物根系接触后，能够刺激和调节作物生长。

③增强作物抗病、抗逆能力。微生物肥料中部分菌种具有分泌抗

菌素和多种活性酶的功能，抑制或杀死致病真菌和细菌；同时，微生物菌剂可有效抑制某些种类线虫病的发生；还具有明显的抗旱、耐寒、抗倒伏、抗盐碱的效果，增强作物的抗病性，能有效预防作物生理病害的发生。

(3)微生物农药。微生物农药是利用微生物及其基因产生或表达的各种生物活性成分，制备出用于防治植物病虫害、杂草、鼠害，以及调节植物生长的制剂的总称。目前常用于：微生物杀虫剂、微生物杀菌剂、微生物除草剂、微生物植物生长调节剂。

第六章 有机食品生产中的农药管理

78.有机农业生产中允许使用的农药品种有哪些？

在有机农业生产中允许使用的农药品种有海藻制品、二氧化碳、明胶、蜂蜡、硅酸盐、碳酸氢钾、碳酸钠、氢氧化钙、高锰酸钾、乙醇、醋、奶制品、卵磷脂、蚁酸、软皂、植物油、黏土、石英沙等。

79.有机农业生产中限制使用的农药品种有哪些？

有机农业生产中限制使用的定义是指在无法获得对病虫草害防治有效的，而“OCIA”制定的国际认证标准允许使用的农药的情况下，有限制地使用的农药。通常不提倡使用这类农药。这类农药主要品种有：生物制剂、病毒制剂、细菌制剂、植物源制剂、抗生素链霉素、信息素昆虫性外激素、矿物源制剂等。

80.有机农业生产中禁止使用的农药品种有哪些？

有机农业生产中禁用的农药有：

(1)化学合成的杀虫剂、杀菌剂、杀线虫剂、杀鼠剂、熏蒸剂、除草剂、植物生长调节剂等。还包括化学合成的抗生素、制造农药的有机溶剂、表面活性剂、用作种子包衣的塑料聚合体等。

(2)基因工程有机体，包括基因工程微生物和其他生物及其产品。基因工程指重组DNA、细胞融合、基因缺失和复制、引进外来基因、改变基因位置等，不包括发酵、杂交、体外受精、组织培养。

(3)其他禁用的还有高毒的阿维菌素、烟碱、矿物源农药中的砷、冰晶石、石油（用作除草剂）等。

81.什么是农药的毒性?

农药的毒性是指药剂对人体、家畜、家禽、水生动物和其他有益动物的危害程度。有的农药毒性大、毒力大、药效也好，如涕灭威、克百威等就有这种相关性；但也有不少农药，毒性低，其毒力和药效却很高，并不存在一定的相关性，特别是近年来新发展的超高效农药品种，对人的毒性都很低，但对病虫草鼠的毒力和药效却很高，如氯氰菊酯、溴氰菊酯、三唑酮、稻无草、烯效唑等。

82.农药的毒性与农药有什么关系?

(1)农药的毒性与农药的类别有关。一般来说，杀虫剂对人和动物的毒性最高，因为它们产生急性口服毒性反应的能力强。如有机磷杀虫剂中的对硫磷、速灭磷、乙基谷硫磷等都是剧毒型农药。杀虫作用机理与有机磷类相同的氨基甲酸酯类农药，其毒性变化值很大，如涕灭威是剧毒的，但西维因和抗蚜威毒性相对就低多了。菊酯类农药对人或哺乳动物毒性低或有中等毒性，但对蜜蜂和鱼则是高毒的。除草剂的毒性比杀虫剂低得多，但有些除草剂如有机砷类的地乐酚和百草枯，如果使用过程中不谨慎，也会产生毒性。杀菌剂中除了含汞和镉化合物的以外，对哺乳动物的毒性相当低。有机氯类杀虫剂，是非常稳定的化学物质，它们进入人体或环境中能留于其中累积起来，使慢性毒性的危害增加。

(2)农药的毒性与农药的剂型有关。用来杀灭地下害虫的呋喃丹属于高毒性农药，但使用3%的呋喃丹颗粒剂就能大大降低它的危害性，这也是高毒颗粒剂农药不能用来用水稀释喷施的原因之一。又如阿维

菌素也属于高毒农药，但由于它加工成的制剂含量都很低，其制剂经口、经皮毒性都属于低毒的范围。

(3)农药的毒性与液态农药制剂中有机溶剂的毒性有关。一些液态农药制剂如乳油、可溶液剂、微乳剂等，在加工过程中都不可避免地要加入一些有机溶剂、增溶剂、乳化剂和极性溶剂等，如常见的有苯、二甲苯、丙酮等有机物质。这些有机溶剂相对于一些高毒农药，毒性可能并不高，但相对于一些低毒、微毒农药，毒性却不低，甚至有些还高于农药本身。尤其是大量使用的乳油产品，因大量使用了苯类有机溶剂，对环境和人体的影响最为严重。例如，在2.5%溴氰菊酯乳油中，溴氰菊酯含量只占到2.5%，而二甲苯含量却高达80%以上。有关专家指出，溴氰菊酯乳油造成人的急性中毒，主要为二甲苯所致。目前，以水为基质，不用或少用有机溶剂，对环境友好、对人体低毒或完全无毒的一些农药新剂型，如水乳剂、水剂、悬浮剂等产品，正在逐步取代大量使用有机溶剂的产品，并受到消费者欢迎，道理也在这里。

83.有机作物怎样进行病虫草害防治?

针对农药的种种害处，有机农业从思想意识上提出了与常规农业不同的病虫草害控制观，即农业生产过程是一种人与自然协调相处的过程，人类应该尊重自然而决不能充当自然的主宰者，病虫草也是自然界固有的组成部分，对它们的控制是要充分利用生物间的相生相克原理，以抑制它们的爆发，将其控制在经济危害水平之下即可。因此，建立不利于病虫害发生而有利于天敌繁衍增殖的环境条件是有机生产中病虫害防治的核心，可以采用选用抗性植物品种，制订合适的肥水管理、作物轮作和多样化间作套作计划，通过建树篱筑巢保护害虫的天敌等方法综合防治病虫草害。

病害是指由于持续异常的环境条件超越了植物的适应程度，或者受到病原物的侵袭，引起作物生理过程紊乱甚至生长发育受阻，最后发生局部乃至全株性病变或死亡，导致产量和品质的下降。侵染性病害防治可采用以下方法：阻止病原物接触到寄主植物、铲除或减少病原物、提高寄主植物抗性等。当病害严重发生时，允许使用抑制作物真菌病害的软皂、植物制剂、醋、纯活性微生物产品；限制使用对环境安全的微生物制剂、漂白粉、波尔多液、石硫合剂、生石灰、硫磺和直接从植物和动物提取的杀菌剂；禁止使用阿维菌素制剂及其复配剂、基因工程产品和化学合成的杀菌剂防治病害。

当虫害发生时，提倡通过释放天敌(如寄生蜂)来防治虫害。允许使用软皂、植物杀虫剂或当地生长的植物提取剂等防治虫害；允许使用视觉性(黄粘板)和物理性捕虫设施(如防虫网)防治虫害；限制使用鱼藤酮、植物来源的除虫菊、乳化植物油、硅藻土、微生物及其制剂(如杀螟杆菌、苏云金杆菌等)；禁止使用基因工程产品和化学合成的杀虫剂防治虫害。

有机农业充分考虑了杂草的有害和有利的两重性，也不要求彻底清除作物田地的杂草，对一些有害的杂草提倡使用农业栽培技术(如轮作、绿肥、休耕等)控制杂草或使用秸秆覆盖除草；允许采用机械和热除草；禁止使用基因工程产品和化学除草剂防治杂草。

84.有机农业病虫草害防治的原则是什么?

有机农业防治病虫草害的原则是采用的品种及耕作栽培措施必须保证农作物所受病虫草害危害造成的损失最低。在目前的非有机农业生产中，还普遍存在着植保工作忽视综合治理的倾向。在农业生产中，只要能增加产量的措施(如采用高产而不抗病虫的品种、过量的施肥、密植等）就推广，而很少考虑这些措施推广后对病虫草害的发生是否有利？某些措施的推广改变了农田局部的生态条件，常导致病虫草害的"猖獗"。为防治病虫草害不得不使用化学农药，造成农产品中农药残留的超标和对环境的污染。有机农业则是重点采用适应当地环境的抗（耐）病虫品种、平衡的施肥、培育有较高生物活性的土壤、合理的轮作间作方法等，通过这些措施改变病虫草的生态需要来调控病虫草害的发生，将农作物受病虫草的危害降到最低的程度。

85.有机农业病虫草害防治的方法是什么？

有机农业中防治病虫草害采用的方法是：

(1)采用合适的能抑制病虫草害发生的耕作栽培措施，如采用抗（耐）病虫品、合理的轮作、平衡施肥、调整播种期、覆盖等；

(2)保护和利用病虫、杂草的天敌；

(3)采用国际有机作物改良协会（OCIA）认证委员会允许使用的可以用来控制病虫草害的植物源、动物源、微生物源、矿物源农药；

(4)可以使用热消毒、隔离、色素引诱等物理措施；

(5)有机农业生产中不允许使用人工合成的除草剂、杀菌剂、杀虫剂、植物生长调节剂和其他农药，不允许使用基因工程生物或其产物。

86.怎样制作糖醋液？

糖醋液也是非农药防治法的一种，主要是将综合微生物(包含酵母菌、乳酸菌、放线菌、光合菌及固氮菌等数十种具有不同功能的活性菌群)加糖类(碳源)、蛋白质(氮源)与酿造醋、米酒等作为原料，按适当比例混合发酵而成，可当天然农药使用，使虫类消化不良而死，或闻其味而离开，达到忌避作用，如将它稀释成500倍液喷施于红蜘蛛，1~2天可见效，施用于小菜蛾幼虫4天则见效。因其不含农药成分，对人畜无害，昆虫对它也不会产生抗药作用，故可长期连续使用。为提高它的效果，可以另外添加营养剂或大蒜、辣椒、鱼腥草、艾草、苦楝、薄荷酒、草茅等天然植物萃取液，又因其含有植物生长所需养分及各种有机酸、单糖类等，可调节作物生长，提升光合成的能力，提高果实甜度及质量，有防止连作障碍及抑制病虫害的作用。

87.怎样制作木醋液?

木醋液是用树枝、稻壳、花生壳等农作物闷烧蒸馏出来的液体，ph值在2~3.5，主要成分是醋，大概含有280余种天然成分，主要有：酸类，甲酸、醋酸、丙酸、丁酸、异丁酸、戊酸；酚类，愈创木酚、对甲酚、向甲酚、2-甲氧基4甲酚、邻甲酚、乙基愈疮木酚；醛类，2-呋喃醛、糖醛、四羟糖醛；醇类，甲醇、乙醇等。

木醋液与农药混合使用能有效提高农药的效力。一方面，木醋液中许多物质本身具有防治病虫害作用，其与农药成分的有机配合、协同作用，可大大提高农药的效果。另一方面，木醋液能很好地溶解农药的药性成分，木醋液中醇类、醛类、酮类等物质分子比水分子小，能很好地渗透到作物的叶、根等组织中，从而更好地发挥药效，减少农药使用量。

木醋液还可直接作为微肥喷施于作物叶面，能起到促进光合作用、加快叶片生长、减缓叶片衰老、防治病虫害作用。木醋液与肥料混合使用具有提高肥力，延长肥效的作用。木醋液具有固定氨中分解出的氮的作用，能很好地渗透于土壤，防止肥料有效成分挥发。木醋液通过促进根系生长，协助气根固氮，使作物顺利吸收土壤中的养分，从而加快作物生长。

88.怎样使用物理方法防治病虫害?

(1)捕杀法。用手、铁丝刺杀或以捕虫网捕捉，或以黏纸粘捕等，例如一般家庭所用的捕蝇纸，捕杀果蝇的黄色黏纸，防治蓟马的白色黏板、蓝色黏着带等。

(2)诱杀法。利用昆虫的习性加以诱杀，常见的有诱虫灯、食饵，以麻布等缠绕于树干或将枯草落叶等堆置于农地内的伏诱法，利用捕蝇箱或捕虫瓶的器诱法等。

(3)遮断法。目的是使害虫、有害菌无法接触到作物本身，最常用的有果菜和果实的袋，除可防治瓜果果蝇外，也可提高质量。蔬菜常用塑料布覆盖地面，或以塑料网或塑料布搭建成隧道或栽培室等防治各种害虫；一些爬藤作物或果树可用塑料布、保持瓶或铜环等环绕于基部以防蜗牛的爬升为害(如种植葡萄)，另于基部涂抹石灰、木焦油或其他胶体物，或于基部周围撒施草木灰等也有防治效果。移动性高的害虫(如行军虫、蜗牛等)可于田区周围挖掘明沟灌水以防其浸入。

(4)温度处理法。要使病虫害无法生存繁殖，较常用的有利用日晒以消灭谷类、豆类等病菌虫卵。一些病害或虫害严重的植株则常予拔起或于收割后用火烧除。土壤病害或虫害严重的地区，则可用烧土法或土壤加热法也可得到很好的效果。

(5)湿度处理法。最常用的有干燥法和浸水法。干燥法多数于采收后贮藏前进行，而浸水法多数于播种前进行，两者都有消灭种子表面病菌虫卵的功效。

第七章　主要有机食品的生产要求

89.怎样种植有机大米?

选用优质香米等稻种作为种植品种。在栽培技术上采用以下方法：

(1)石灰浸种。用生石灰浸种，杀死种皮表面的有害病菌；杜绝化学药剂浸种。

(2)炒土育苗。高温加热育苗土壤，杀死土壤中的有害病菌、虫卵

及草籽；杜绝以杀菌剂、除草剂防治病虫害。

(3)施有机肥。以有机养殖形成的粪肥为基础，以通过有机认证部门认证的有机肥为辅助，为作物施肥、提供营养；杜绝施用化肥。

(4)人工除草。在水稻的生长过程中，全部采用人工除草，杜绝使用除草剂。

(5)病虫害防治。采用生物及物理方法防治病虫害，并辅以人工除虫；杜绝喷施农药防治病虫害。

(6)喷施叶面肥。采用通过有机认证部门认证的生物叶面肥，以叶面喷施作为追肥来提高产量；杜绝用化肥追肥。

90.有机蔬菜管理有什么要求?

(1)轮作换茬和清洁田园。有机生产基地应采用包括豆科作物或绿肥在内的至少3种作物进行轮作；在一年只能生长一茬蔬菜的地区，允许采用包括豆科作物在内的2种作物轮作。前茬蔬菜腾茬后，彻底打扫清洁基地，将病残体全部运出基地外，销毁或深埋，以减少病害基数。

(2)配套栽培技术。通过培育壮苗、嫁接换根、起垄栽培、地膜覆盖、合理密植、植株调整等技术，充分利用光、热、气等条件，创造一个有利于蔬菜生长的环境，以达到高产、高效的目的。

91.有机草莓管理有什么要求?

有机草莓在种植过程中的管理技术有以下几方面：

(1)土壤管理。

①清耕法。根据田间杂草发生情况，在整个生长季节中耕3～5次。

中耕深度以5厘米左右为宜，行间不超过15厘米。

②覆草法。土壤覆盖物以松针、作物秸秆和锯末为主。覆盖物厚度在10厘米以上。

(2)施肥。使用的肥料应是经过认证的有机肥或腐熟的农家肥。严禁使用化学物质类肥料。以营养均衡的堆肥、沤肥、沼气肥、绿肥、秸秆肥、饼肥等农家肥为主，农家肥必须充分腐熟后施用。

施肥方法可采用撒施、沟施或穴施的方式，施肥深度为10～20厘米。施肥后要及时灌水。基肥应早施，棚内追肥时间因时因地制宜。

(3)水分管理。根据草莓生长特点与土壤墒情搞好水分管理。土壤含水量以维持在田间最大持水量的60%～70%为宜。在果实膨大期应保持充足的水分供应。在果实成熟期与采收前应适当控制水分供应，提高果实品质。

92.有机葡萄管理有什么要求？

发展有机葡萄生产是人类和谐利用环境、实现葡萄安全生产和消费的重要途径，有机葡萄的栽培管理要求如下：

(1)建园。在南方葡萄产区应选择抗病、抗逆性好且品质优良的早中熟欧美杂交种，如巨峰、希姆劳特等。

栽培方式宜采取避雨栽培方式，架式可结合避雨栽培条件选用双十字“V”形架、飞“鸟”形小棚架或平棚架。在使用塑料薄膜时，只允许选择聚乙烯、聚丙烯或聚碳酸酯类产品，并且使用后应及时清除，禁止焚烧，禁止使用聚氯类产品。

(2)植株管理。有机葡萄的植株管理同常规葡萄生产，如根据品种特性、架式特点、树龄、产量等确定结果母枝的剪留强度及更新方式，进行合理的冬季修剪；在葡萄生长季节，采用抹芽、定枝、新梢摘心、副梢处理等夏季修剪措施对树体进行整形控制，增强通风透光，以减轻病害发生。为提高果实品质，在果实成熟期前20～30天，可以对葡萄进行环割，环割宽度一般在3～5毫米。

(3)花果管理。采用疏花、疏果、疏穗、疏粒等常规方式对葡萄果穗进行处理，以控制产量、提高果实的品质。进入盛果期的葡萄园，每667平方米产量一般控制在1250千克以内。需要特别强调的是，禁止使用任何激素(如赤霉素、CPPU 等)对果穗进行拉长或膨大处理。

(4)土、肥、水管理。葡萄生长季节及时中耕松土，保持土壤疏松，松土深度10～20厘米；每年果实采收后结合秋施基肥进行全园深翻，将栽植穴外的土壤全部深翻，深度30～40厘米。

有机葡萄园应提倡生草覆草技术，这样既有利于保墒和保持土壤肥力，减轻日灼、气灼等生理病害的发生，又体现了生物多样性，为天敌提供了良好的栖息地。有机葡萄园区进行生草时，一方面可以直接利用葡萄园区的草资源，对高秆杂草加强管理，使其不影响葡萄的生长；另一方面可以在4月份前后，在葡萄行间种植不含转基因的白三叶草(应使用经过认证过的有机草种)。覆草时间一般在7月份前后，将其刈割后覆盖在树根周围。

生产前期可购买认证过的有机肥；持续有机葡萄生产园区应制订土壤有机培肥计划，如在自身葡萄生产园区，结合“园区生草—养殖业(养鸡、鸭、羊)”等进行绿肥或堆肥。绝对不能使用化学肥料、不能使用含有转基因的物质(如转基因豆粕或经任何化学处理过的物质)作为肥料，限制使用人粪尿，必须使用时，应当按照相关要求进行充分腐熟和无害化处理。

补充钾肥可用草木灰，补充磷肥可使用高细度、未经化学处理的磷矿粉。在施用磷矿粉时应与农家肥经充分混合堆制后使用。

在生长季节培肥的基础上，以施基肥为主，秋季施入，每666.7平方米施入1000～1500千克有机肥。双十字“V”形架、飞“鸟”形小棚架栽培采用沟施，在行间挖条状沟；平棚架栽培在树冠外围挖放射状沟或环状沟，沟深30～40厘米。

(5)水分管理。补水时期为：一是萌芽到开花期，当土壤湿度低于田间持水量的65%～75%时；二是新梢生长期至果实膨大期，当土壤湿度低于田间持水量的75%时；三是果实迅速膨大期，以及新梢成熟期，当土壤湿度低于田间持水量的60%时；四是果实发育后期傍晚或清晨，土壤湿度低于田间持水量的70%～80%，少量补水。

补水方法以采用滴灌法为宜。水质在符合规定用水的基础上，应加强有机葡萄生产周边水质的监控，以免由于水质受污染而影响有机葡萄生产。

进入雨期，土壤湿度超过田间持水量的85%时，通过畦沟、排水沟、出水沟进行排水，达到雨停畦沟内不积水，大暴雨不受淹。

(6)病虫鸟害防治。从葡萄的整个生态系统出发，综合运用各种防治措施，创造不利于病虫害孳生和有利于各类天敌繁衍的环境条件，保持农业生态系统的平衡和生物多样化，减少各类病虫害所造成的损失。

葡萄主要病虫害有霜霉病、黑痘病、灰霉病、白腐病、炭疽病、灰霉病、白粉病；透翅蛾、二星叶蝉、金龟子、吸果夜蛾、粉蚧、虎天牛；麻雀、白头翁等。

控制措施：一是农业防治。应优先采用的防治方法主要有：秋冬季和初春，及时清理病僵果、病虫枝条、病叶等病组织，减少果园初侵染菌源和虫源；生长季节及时摘除病穗、病叶；加强夏季栽培管理，避免树冠郁蔽；应尽量利用灯光、色彩诱杀害虫，机械捕捉害虫。

二是物理防治。采取防虫、鸟网、树上挂废弃的碟片和树干涂白等措施降低病、虫、鸟的危害；采取果实套袋，以切断病菌传播途径和避免鸟的危害。套袋应采用葡萄专用果实袋，于花后25～40天果穗整形后套袋，纸袋质量应符合“GB11680食品包装用原纸卫生标准”的规定，套袋时需要避开雨后的高温天气，套袋时间不宜过晚。为了提高葡萄着色，应于采收前10～20天摘袋，摘袋时不要将纸袋一次性摘除，先把袋底打开，逐渐将袋去除。

三是生物防治。使用BT、白僵菌等真菌及其制剂防治葡萄透翅蛾。

四是物质防除。在不能有效控制病虫害时，允许使用下列物质控制病虫害：在害虫发生初期，采取天然除虫菊、鱼藤酮、苦参及其制剂等防治葡萄透翅蛾、叶蝉等；在葡萄萌芽初始期采用3波美度石硫合剂喷施枝条和地面以铲除病菌；在葡萄生长季节使用波尔多液作为保护剂防治病菌侵入，浆果膨大期前使用浓度为硫酸铜：石灰：水＝1：(0.3～0.5)：200，其后使用浓度为硫酸铜：石灰：水＝1：1：200。

(7)记录控制。有机葡萄生产者应建立并保护相关记录，从而为有机生产活动可溯源提供有效的证据。记录应清晰准确，这些记录主要包括以病虫害防治、肥水管理、花果管理等为主的生产记录，为保持可持续生产而进行的土壤培肥记录，与产品流通相关的包装、出入库和销售记录，以及产品销售后的申、投诉记录，等等。记录至少保存5年。

93.有机桃树管理有什么要求？

(1)休眠期(3月份以前)剪除病虫枝，刮老粗皮，清除果园中残枝败叶，消灭越冬的桑白蚧、卷叶蛾，桃下毛瘿螨，叶螨及疮痂病越冬菌源。喷石硫合剂3～5度灭菌、消灭叶螨及球坚蚧越冬若虫。灌水追肥：豆饼肥或腐熟的有机肥或沤肥，数量根据树龄和挂果量计算。翻树盘。喷矿质油乳剂，消灭蚜虫越冬卵。

(2)4月份主要是防治各种蚜虫越冬卵及刚孵化的若虫，1%苦参碱或除虫菊＋竹醋液，时间约4月上旬，此时正是蚜虫越冬卵孵化盛期。

根外追肥：叶片展开后，何时都可以，最好是在一天中的下午，沤肥的液体加适量水稀释后喷叶背，盛花期喷硼砂。

(3) 5月份防治桃细菌性穿孔病。方法：喷200倍硫酸锌石灰液或锌铜波尔多液。第一次夏剪，打开光路，截留营养。以抹芽疏梢为主，当新梢长至4～10厘米时抹去过多的、重叠的、丛生的无用嫩梢，双梢去一留一。5月中旬（幼果期）桑白蚧开始孵化；用苦参碱+0.5%酒精或竹醋液防治。剪去被梨小食心虫蛀食的桃梢。幼果膨大期灌水。疏果：合理负载，增大果个，提高果实质量以人工疏果为好，依据结果枝粗度而定：小于0.2厘米粗的枝留1个；0.2～0.3厘米粗的平均留1.5个。

(4) 6月份封闭天牛的羽化孔：羽化前(约6月中旬)。捕杀天牛成虫可喷洒糖醋液(糖：醋：酒：水=1：1.5：0.5：16)或雨后晴天人工捕杀。枝干涂白或包扎塑料布。叶面喷肥。摘除梨小蛀食的桃梢。追施有机肥5～15千克／株，并结合灌水。早桃采收。

(5) 7月份第三次夏剪：正值雨季，新梢生长旺盛。方法：通过短截促呆枝成熟；一般果枝粗度大于0.8厘米剪去1／4～1／3；内膛直立梢过密的疏掉或重摘心，副梢也要摘心。叶面喷肥。防治细菌性穿孔和桃潜叶蛾。方法：喷硫酸锌石灰液(1：4：200)和1000倍苦参碱或除虫菊，注意排水。

94.有机茶有哪些特点？

有机茶是按照有机农业和有机食品生产、加工标准进行生产加工，经授权的有机食品(有机茶)颁证机构认证，并颁发证书的茶叶。因此，有机茶是一类真正无污染、富营养、高品位、高质量的保健饮品。有机茶与普通茶相比较，有三个显著的差异。

一是强调了有机茶产自最佳的生态环境。有机茶生产从原料产地的生态环境入手，通过对生产茶园以及周围的生态环境因子，包括土壤、水体、大气等进行严格监测，判定其是否具备有机茶生产的基础条件，而不是简单地禁止生产过程中化学制剂的使用。从而，有效地保证了有机茶的质量，又有利于强化生产者的资源和环保意识，促进茶叶生产的可持续发展。

二是对有机茶生产加工等实行全程质量控制。有机茶生产实施“从土地到茶桌”全程的质量控制。既要检测茶叶产品的有害成分含量和卫生指标，更要重视监测产前的环境和检测原料，落实产中环节的具体生产、加工操作规程，以及控制产后环节产品的卫生指标、包装、保鲜、运输、贮藏、销售等方面的工作，使有机茶生产全过程中的每一个环节均不出差错，确保有机茶的质量。

三是对有机茶实行标志管理。有机茶在国内已有专门的统一标志，有机茶标志受《中华人民共和国商标法》的保护，它是一种将技术手段和法律手段相结合起来的生产组织和管理行为。有机茶作为有机食品之一，因颁证机构不同，有机茶可使用国内外的有机食品标志，这也是允许的。但不论是有机茶标志，还是有机食品的标志，均要在颁证机构认可的前提下方能使用。

95.怎样选择有机茶园基地？

有机茶的茶园土壤的自然潜在肥力要高，生物活性较强，土壤深厚，质地砂壤，通透性能良好，不积水，营养元素丰富而平衡，pH 值在4.5~6.5范围内的区域。茶园的大气环境质量、土壤环境质量和灌溉水质应符合相关规定的一级或一类标准的要求。

茶园应远离工业区、城镇、交通干道，茶园附近及上风口以及河道上游无明显的和潜在的污染源，有机茶种植区与常规农业区之间必须有不影响有机茶生产的足够宽度的隔离带，隔离带以山、河流、湖泊、自然植被等天然屏障为宜，也可以是人工树林和作物。若隔离带上种植的系其他作物，必须按有机方式栽培。

规模较大的基地，周围还要有充足的劳力资源、清洁的水资源和丰富的有机肥源。

坡地种植茶树要沿等高线或修建梯田进行栽种，梯面以符合水土保持要求为准。新建茶园坡度不超过25°。山顶、山脊、梯田之间保留自然植被，不得开垦或清除，并为加强水土保持、挡风作用专门安排种植特定植物。为防止由于大面积耕作带来的病虫害流行，要保持茶园生物群落的多样性。

茶树应根据树龄和树势选择不同的修剪方法，可采用幼年茶树定型修剪、成年茶树的周期修剪和衰老茶树的更新修剪等方法。

96.有机茶园的土壤管理有什么要求?

生产有机茶不仅要选择自然肥力高的土壤，而且在生产过程中尽可能地依靠加强土壤管理来保持和提高土壤肥力，保证茶树在不施用化学物质的条件下健康生长。茶园使用的有机肥料，应尽量利用本地的资源就地生产，提倡在茶园的行间种植豆科绿肥或饲料作物。

结合土壤深耕，将修剪的茶枝和清除的杂草覆盖于茶树根部或埋于土中，以此来改良土壤理化性状和提高土壤的生物活性。对土壤肥沃、松软、杂草少、树冠覆盖率高的茶园应实行减耕或免耕。提倡使用生物(如蚯蚓等)来改善土壤结构，提高土壤肥力。当茶园土壤 pH 值下降至4.5以下时，可以施用适量的白云石粉或生石灰加以改良，直至土壤 pH 值达到5.0左右。

根据茶园自身条件，因地制宜地采取水土保持措施，如在茶园行间铺草或其他植物性覆盖物，有机茶园土壤覆盖的有机物料很多，如山茅草、作物秸秆、绿肥、蔗渣等都可以，但最好以山茅草为主，它属未受化肥、农药等化学物质污染的天然物料。

严禁使用化学类、石油类以及氨基甲酸酯类除草剂、增效剂和土壤改良剂。禁止使用化学合成肥料，禁止使用含有毒有害物质垃圾和污泥等。外来有机肥料应确认符合有机种植要求后才能使用。商品化有机肥料、有机复混肥、叶面肥料、微生物肥料等须经有机认证机构颁证或认可。叶面肥料最后一次喷施必须在采摘前20天进行。

97.有机茶园的杂草管理有什么要求?

茶园杂草种类繁多，不同的生态条件、不同的耕作制度和管理水平，其杂草的种类、群落分布、消长特点及危害程度等均不一样。在茶叶生产过程中，杂草确实会产生多方面的危害，有些杂草与茶树生长习性相似，甚至穿插在茶丛中生长，如果不及时除去，既影响茶树生长，还会在机采茶叶时将杂草与种子混入鲜叶中，严重影响茶叶质量，同时有些杂草还可成为茶园病虫的替代寄主和越冬场所。因此，这些杂草必须清除。

有机茶园对有害的杂草应采用农业技术措施、生物防治、机械除草的方式来控制杂草的生长，如采用人工和机械的方法清除茶园中的杂草，也可采用生物防治方法控制杂草。允许利用植物相克作用防治杂草。严禁使用化学除草剂。

98.有机茶园怎样进行病虫害防治?

在有机茶生产过程中，病虫害是威胁茶叶产量和品质的重要因素，病虫害治理是有机茶生产中的重要环节。有机茶园的病虫害治理必须达到无污染、无残留的防治要求，其防治策略应以农业防治为主，各种生物防治技术为核心，同时发挥物理防治的优势，通过有机生产管理办法进行控制，从而使生产的茶制品达到有机农业和有机食品的标准。

有机茶园的病虫害防治是一个系统的有机管理体系，应该采用多种无污染、可持续的技术措施，综合协调控制病虫害，将主要病虫害抑制在经济为害阈值以下。在具体实施中应掌握四项原则：一是单项措施应具有可持续控制的作用；二是各项措施应互相促进而不能互相抵触；三是抓住关键病虫及其薄弱环节采取干预措施；四是尽可能不使用或少使用植物源农药和矿物源农药。

有机茶园的病虫害防治措施主要有：及时采摘和修剪茶枝叶；保护和利用自然天敌，允许使用人工饲养的天敌；在深秋封园时，允许有限制地使用石硫合剂和波尔多液，以减少次年的病虫发生量，使用波尔多液时应注意土壤和茶叶中的铜积累；如果茶园大面积发生药害，修剪的病枝需在有机茶园外或不影响茶园中其他茶树的地方进行合理处理。允许使用规定可以使用的植物制剂和微生物制剂防治茶树的病虫害。

99.有机茶的鲜叶采摘有什么要求?

有机茶的鲜叶采摘应遵循“采留结合，量质兼顾和因园制宜”的采摘原则。手工采摘提倡双手采，提手采，保持鲜叶芽叶的完整、鲜嫩、匀净。为保证机械采摘茶叶的质量，操作人员需经培训且要求技术熟练，采摘要求可根据茶蓬长势及茶类要求自行掌握。采茶机的动力必须使用无铅汽油，并防止汽油、机油污染茶园土壤和茶树。

鲜叶必须盛装在清洁、通风的器具中，建议使用竹匾、网眼菜篮、篓筐，可以使用干净的布袋，但不得使用塑料袋。在鲜叶盛装与贮藏、运输过程中，应注意轻放、轻压、薄摊、勤翻等，以减少机械损伤。切忌紧压、日晒、雨淋，避免鲜叶升温变质，影响产品质量。

100.有机食用菌生产有什么规定?

有机食用菌的生产主要包括培养基、菌种的选用，害虫和杂菌的预防，栽培场地的选择，水源的使用和后续处理等。

有机生产来源的或未受污染的天然来源的材料才能作为食用菌的培养基。禁止使用合成肥料或杀虫剂之类的辅助剂。为防止水分散失而在袋（木）料和接种位使用的涂料必须是食用级的产品，禁止使用石油炼制的涂料、乳胶漆和油漆等。

要选择合适的菌种，其来源要清楚，尽可能采用经认证的有机菌种。

有机食用菌栽培应采用预防性的管理，保持清洁卫生，并进行适当的空气交换，去除受污染的菌簇。在非栽培期，允许使用低浓度氯溶液对培养场地进行淋洗消毒。允许采用物理方法（诱捕和设置物理障碍，可加外激素或性诱剂，喷洒硅藻土、杀虫皂液及认可的天然杀虫剂）、生物方法（天敌和寄生虫）防治害虫。禁止使用任何合成杀虫剂。

直接与常规农田毗邻的食用菌栽培区必须设置30米左右的缓冲带，以避免农业飘浮物的影响，在栽培场地及其周围禁止使用任何除草剂。只能用清洁的井水、河水及池塘水浸泡袋（木）料，在城市也可以使用自来水。禁止使用被污染的水。同时，最大限度地保证在收获、贮存和运输过程中产品的新鲜度和营养成分。

101.有机水产品生产有什么规定?

有机水产品养殖的水域从常规养殖过渡到有机养殖至少需要12个月的转换期。

养殖场选址时，应当考虑到维持养殖场的水生生态环境和周围水生、陆生生态系统平衡，并有助于保持所在水域的生物多样性。养殖场应当不受污染源和常规养殖场的不利影响。养殖场及其水源水质必须符合《渔业水质标准》。

有机水产品要按适合生物自然行为和当地条件的养殖方法进行养殖，尽量减少干扰。必须采取有效措施，防止养殖动物逃离养殖场，防止养殖场内动物受到捕食者的侵害。鱼类从鱼苗到捕捞的全过程都必须生长在有机生产体系中，其他水生生物至少在其后2/3生命周期采用有机方式养殖。禁止对养殖对象采取任何人为的伤害措施。

水产养殖的饵料必须是经认证的有机饵料或生长在本水域的野生

植物。在不得不使用常规饵料时，最多不超过总饵料的5%(以干物质计)。

允许使用天然的矿物质添加剂、维生素和微量元素，禁止使用人粪尿和直接使用动物粪肥。允许使用细菌、真菌和酶、食品工业的副产品(如糖浆)和初级植物产品等饵料添加剂，合成的促生长剂、合成诱食剂、合成的抗氧化剂和防腐剂、合成色素、尿素等化肥，来源于相同物种的原料、经化学溶剂提取的原料、化学提纯的氨基酸以及基因工程生物或产品等物质，不允许添加于饵料或以任何方式喂食生物。

养殖过程中所有的管理措施都应当旨在提高生物的抗病力，要保持水体清洁，保证饵料质量，控制投饵量。围隔养殖的密度不能影响生物的健康，不能引起生物行为异常。允许使用生石灰、漂白粉、菜籽饼、茶籽饼和高锰酸钾对养殖水体和底泥进行消毒，以预防水生生物疾病的发生。禁止使用抗生素、寄生虫药或其他合成药品。如有必要进行药物治疗时，必须把患病生物置于池塘或水体下游100米外的围隔区，并采取隔离措施，被隔离的生物不能作为有机生物销售。

当有发生某种疾病的危险而不能通过其他管理技术进行控制时，可接种疫苗，但不允许使用基因工程疫苗。在养殖过程中提倡自然繁殖，限制使用非自然繁殖。禁止采用高技术和高投入的方法进行繁殖，禁止使用三倍体和基因工程技术繁殖养殖生物。

有机水产品的捕捞量不能超过生态系统的生长量，不能影响自然水域的持续生产。要尽可能采用温和的捕捞措施，使水生生物受到最小的不利影响。尽量减少对活的水生动物的处理，处理时要小心操作。

有机水产品运输用水的水质、温度和含氧量应适合运输对象，尽量减少运输的距离和频率。运输设备和材料必须对生物没有潜在的毒性影响。在运输前或运输过程中禁止使用化学合成的镇静剂或兴奋剂。要避免或减少水产品在运输过程中所受的胁迫和机械损伤，要有专人负责运输对象的健康。

102.有机畜禽的转换期有什么规定?

畜禽养殖场的饲料生产基地必须符合有机农场的要求，饲料生产基地的转换期依照农场的转换期要求。养殖场内用来作为非草食动物活动场所的草地，其转换期可以缩短到一年。

饲养的畜禽经过转换期后，其产品方可作为有机产品出售。不同品种畜禽的转换期为：肉用牛、马属动物需12个月；羊、猪需4个月；乳用畜3个月；出生3天内购买的肉用家禽需10周；蛋用家禽6周。

当养殖者不能买到有机畜禽时，允许购进常规畜禽，但要符合下列条件：肉用家禽，出生不超过3天；蛋用家禽，出生不超过18周；猪、羊出生不超过6周且已断奶；牛，出生不超过4周，接受过初乳喂养且主要以全牛奶喂养的犊牛。

每年引入的常规畜禽不能超过认证的同种成年畜禽数量的10%。在遇到不可预见的严重自然灾害或事故、农场规模大幅度扩大、农场建立新的畜禽养殖项目及小型农场时，颁证委员会可以允许引入的常规畜禽超过10%，但在任何情况下不得超过40%，而且引入的常规畜禽必须经过相应的转换期。

养殖者可从任何地方引入种公畜，但是引入后必须按照有机方式饲养。所有引入的畜禽都不能受到来自基因工程产品的污染，包括涉及基因工程的育种材料、药物、代谢调节剂和生物调节剂、饲料以及添加剂。

103.有机畜禽饲养对饲料有什么要求?

有机养殖场的畜禽应以认证机构认证的有机饲料和草料饲养。肉用畜禽最多允许使用30%有机转换期的饲料（以干物质计）喂养。当转换饲料来自养殖场自有的牧场时，该比例可以放宽到60%。禁止使用尿素和粪便做畜禽饲料。

在养殖场实行有机管理的第一年，养殖场自产的饲料可以作为有机饲料饲养农场自己的牲畜，但不能作为有机饲料出售。在有机饲料供应短缺时，可以允许养殖场购买常规饲料和草料。但农场每种动物的常规饲料消费量在全年消费量中所占比例为草食动物（以干物质计，下同）不能超过10%，非草食动物不能超过20%，动物日最高摄食的常规饲料量不超过每日总饲养量的25%。在遇到不可预见的严重自然灾害或人为灾害、极端的天气情况或该地区有机农业尚处在初级发展阶段时，可以允许例外。饲喂的常规饲料必须详细记载，并且要事先征得颁证委员会的许可。

养殖场必须保证反刍动物每天都能得到基本满足其基础营养需要的粗饲料。必须保证饲养的畜禽数不超过本养殖场和其合作养殖范围的最大载畜量，要充分考虑饲料生产能力、牲畜健康和对环境的影响。如果因过度放牧导致对环境的不利影响，则不能获得认证。必须保证畜禽粪便的贮存设施有足够的容量，以免畜禽粪便通过直接排放、地表径流或土壤渗滤污染水体。初生幼畜在初乳期必须由母畜喂养并能吸吮母乳。禁止过早（仔猪在4周内、犊牛在3个月内、羔羊在6周内）断奶，或用奶替代品喂养幼畜。

畜禽饲养时允许使用贝壳粉、海草、石灰石、白云石等作为饲料添加剂。蚁酸菌、乙酸菌、乳酸菌和丙酸菌可用作饲料发酵。添加的维生素应来自发芽的粮食、鱼肝油、酿酒用酵母或其他天然物质。经许可，可以限制使用人工合成的维生素和微量元素。禁止以任何形式使用人工合成的生长促进剂（包括用于促进生长的抗生素、激素和微量元素）。禁止将基因工程产品用作饲料添加剂。

畜禽养殖所有主要的配料必须获得认证。配合饲料中的配料加上添加的矿质元素和维生素不能低于95%。添加的矿质元素和维生素可以来自天然或合成产物，但不能含有禁止使用的添加剂或保护剂。动物饲料必须满足动物的营养需求和饲养目标，并为下列两种证明方式之一所证实，即各种成分满足国家相关管理规定或国家有关权威机构规定的要求或除水以外，以配合饲料作为唯一的营养来源饲养健康动物，经国家有关管理机构规定的测定程序测试，能够满足动物各生命阶段的营养需求。

104.有机畜禽对饲养有什么要求?

有机养殖场畜禽的饲养环境（如圈舍、围栏等）必须有足够的活动空间和休息场所；空气流通，自然光线充足，避免过度的太阳照射及难以忍受的温度、风和雨；有足够的垫料；有足够的饮水和饲料；在不影响畜禽健康的条件下（如不会相互啃咬、打斗等），同一畜舍至少要饲养2头（只）同种动物，以满足畜禽的生理和行为需要。必要时可以用人工照明来延长光照时间，但一般每天不能超过16小时。

所有的畜禽都必须在适当的季节到户外放养，但特殊的畜禽舍结构使得畜禽暂时无法在户外放养（应限期改进）或使用新鲜饲料喂养动物比放养更有利于土地资源的持续利用时允许例外。禁止采用畜禽无法接触土地的饲养方式和完全圈养、舍养、拴养、笼养等限制畜禽自然行为表达的饲养方式。群居性畜禽不能单独饲养，但成年雄性动物、患病的动物以及妊娠后期的家畜可以例外。

有机畜禽养殖中的疾病应以预防为主，疾病预防应根据下列原则进行：选择适当的畜禽品种；根据每个畜禽品种的需要，采用适当的饲养管理方法，增强对疾病的抵抗力和对传染因素的预防；采用优质饲料，结合有规律的舍外活动；促使畜禽增强抗病力；确定合理的畜禽饲养密度，防止畜禽密度过大导致的健康问题。

允许在畜禽饲养场所使用软皂、水和蒸汽、石灰水、生石灰、次氯酸钠、氢氧化钠、氢氧化钾、过氧化氢等清洁剂和消毒剂，允许在畜禽饲养场所使用杀鼠剂和有机作物允许使用的植物制剂、纯活性微生物产品和醋等。消毒处理时，应将畜禽迁出处理区，并定期清理畜禽粪便。

当农场有发生某种疾病的危险而又不能用其他方法控制时，允许采用预防接种（包括为了促使母体抗体物质的产生而采取的接种措施）技术。允许进行法定的预防接种。允许采用自然疗法(例如使用植物制

剂、针灸和顺势疗法）医治畜禽疾病。顺势疗法指一种疾病治疗体系，以小剂量持续使用某种药物为基础，这种药物的大量服用可在健康动物体内产生一种类似于其试图治疗的疾病的症状。限制使用常规兽药。

当必须要对患病畜禽使用常规兽药时，则必须经过该药物降解期（半衰期）的2倍时间之后，这些畜禽及其产品才能作为有机产品出售。饲养人员必须对所用物质以及疾病诊断结果、剂量、给药方式、给药时间、药物降解期进行记录。对于接受过常规兽药治疗的畜禽，大型动物应逐个标记，家禽和小型动物则可按批标记。禁止为了提高畜禽群体的生产力而使用抗生素、抗球虫药和其他生长促进剂。禁止使用激素控制畜禽的生殖行为，但激素可在兽医监督下用于对个别动物进行疾病治疗。

有机畜禽在养殖过程中，允许采用为了保持产品质量和传统生产习惯而进行的阉割、断角、剪羽、仔猪拔牙或断牙；为了防止蝇蛆病而进行的羔羊断尾等非治疗性手术，但应尽量减少给动物带来的痛苦，必要时可使用麻醉剂。禁止进行断尾（除羔羊外）、剪喙、烧翅以及其他没有明确允许的非治疗性手术。

105.有机畜禽的繁殖有什么要求？

有机畜禽的繁殖提倡自然繁殖。允许采用不对畜禽的遗传多样性产生严重限制的多种繁殖方法。禁止使用胚胎移植技术。

106.有机畜禽的屠宰有什么要求？

屠宰的有机畜禽必须来自有机养殖场。畜禽在装卸、运输、待宰和屠宰期间必须得到友好的对待。有机畜禽必须在国家卫生防疫部门批准的屠宰场宰杀；有机畜禽和常规畜禽应分别屠宰，屠宰后应分别存放并清楚标记。

107.允许在畜禽饲养场所使用的清洁剂和消毒剂有哪些？

允许在畜禽饲养场所使用的清洁剂和消毒剂主要有：软皂、水和蒸汽、石灰水、生石灰、次氯酸钠、氢氧化钠、氢氧化钾、过氧化氢、天然植物香精、柠檬酸、过乙酸、蚁酸、乳酸、草酸、乙酸、酒精、硝酸（奶加工设备）、磷酸（奶加工设备）、甲醛、碘酒、高锰酸钾和碳酸钠。

108.有机奶制品生产有什么要求？

有机奶制品生产除满足畜禽养殖标准外，还必须满足以下要求：

允许使用硝酸和磷酸对奶制品加工设备进行清洗和消毒，并标明其用途和正确的使用方法，所有使用过清洁剂的设施必须得到彻底的清洗，以保证在设备和奶制品中没有清洁剂残留。

有机牛奶至少必须符合常规牛奶的卫生要求及质量标准。建议牛奶中年均体细胞数不能超过400 000个／毫升（绵羊或山羊为800 000个／毫升）；细菌数最大不得超过10 000个／毫升。建议每月分析一次每头奶牛产奶中的体细胞含量。如果没有达到这些质量标准，则要求制订满足这些标准的计划，并提交OFDC批准。对新的畜群，在认证前3个月，奶汁中平均体细胞数应低于400 000个／毫升（绵羊或山羊为800 000个／毫升）。

奶牛饮用水水质应符合国家有关标准。

109.有机禽蛋生产有什么要求?

有机蛋类生产除满足上述畜禽养殖标准外，还必须满足以下要求：

母鸡在鸡舍中的平均活动空间至少需要0.2平方米／只。必须具备适宜季节里的室外活动场所。

必须每天喂以营养平衡的日粮以确保满足其营养要求。禁止用矿物油作鸡蛋包衣。

110.蔬菜轮作的基本原则有哪些?

从植保角度出发，首先要考虑病原物的寄主范围，然后再考虑哪些作物轮作，如黄枯萎病的轮枝菌的寄主范围较广，棉花和茄科植物如马铃薯、茄子轮作，病害将越来越重，因为它们都是轮枝菌的寄主。其次要考虑作物轮作的年限，不同病虫害在作物的土壤中存活的时间不同，轮作的年限也不同。

(1)选择病虫害少，可以不用或少用农药的蔬菜进行轮作。

不需要农药的蔬菜主要有：

薯蓣科：山药、日本薯蓣、芋头；

藜科：菠菜、甜菜、碱蓬；

伞形科：胡萝卜、水芹、香芹、芹菜、茴香、香菜等；

菊科：牛蒡、莴苣、茼蒿；

唇形科：紫苏、薄荷、时萝；

姜科：姜；

旋花科：甘薯；

百合科：韭菜、大蒜、大葱、洋葱、石刁柏、百合等。

(2)利用当地气候条件或季节差异选择病虫害发生少的蔬菜进行轮作。

如豆科：豌豆、蚕豆、小豆、花生、大豆、菜豆、豇豆、扁豆、刀豆；十字花科：白菜、甘蓝、萝卜、芜青、芥菜、油菜。这些蔬菜病虫害较少，正常生长地区或季节，只需少量农药即可解决，但若选择冷凉地区、高海拔地区或春冬冷凉季节生产，不用农药即可生产出优质的有机蔬菜。

(3)作物茬口特性的评价。

茬口特性是指种植某种作物后造成土壤理化性质，反映在后作上的影响。这是作物生物学特性与其耕作技术措施对土壤和作物共同作用的结晶，由于茬口特性不同，在不同程度上直接或间接影响后茬作物生长发育的好坏和产量的高低，因此，掌握各类作物茬口特性是作好轮作计划的基础。

①豆科作物。包括食用豆类作物与豆科饲料、绿肥，是生物固氮作物，每667平方米固氮量大豆为5～10千克，蚕豆3.5～9.5千克，小豆3.7千克，菜豆3～6千克，绿豆5～7.5千克，豌豆5～5.5千克，豇豆5～15千克。根瘤菌固氮量可提供豆类蔬菜一生所需总氮量的50%～75%，前期施足有机肥，就可完全满足豆类蔬菜一生对氮的需求。豆类作物根茬和脱落物较多，土质疏松，土壤含氮量高，是叶菜类和果菜类的好前茬。豆科绿肥鲜草含氮量在0.5%左右，含磷量为0.07%～0.15%，含钾量为0.15%～0.98%，既可作蔬菜(幼嫩植物的芽)又可作饲料，还可直接还田当肥料，是培肥地力的先锋作物，可与其他需肥量较多的蔬菜间种或倒茬。

②块根、块茎类作物最忌连作，连作后病虫害较多。但这类作物多为垄作，喜疏松土壤，刨后能使土壤疏松熟化，是许多蔬菜的好前茬。

(4)将蔬菜分类，每茬选择不同的种类。

如：蔬菜可分为叶菜类、瓜类、果菜类、根菜类和豆类。可按：生菜—青瓜；豆角—白萝卜—番茄茬；等等。

(5)深根与浅根的轮流种植，吸收不同深度的泥土中的养分，如番茄—白菜茬。

(6)需肥大与需肥小的蔬菜交替种植，如：西蓝花与四季豆。

(7)土地覆盖率高与覆盖率低的蔬菜轮作，这样可以保护泥土结构。

(8)下列作物不宜轮作或间作。

①从分类学上属于同一个科的蔬菜不宜轮作，如番茄、茄子、辣椒和甜椒等；

②白菜、菜心、花椰菜、西蓝花、白萝卜、樱桃萝卜和荠菜；

③洋葱、大葱、韭菜、蒜；

④红萝卜、西芹；

⑤各种豆类；

⑥各种瓜类。

111.常见有机蔬菜的轮作特点有哪些?

黄瓜：春黄瓜前茬多为秋菜或春小菜及越冬小菜，后茬适种多种秋菜；夏秋黄瓜前茬适合各种春夏菜，后茬适合越冬菜或春小菜。黄瓜与番茄相互抑制，不宜轮作和套种。

番茄：3～5年轮作，不与茄科作物连作，前茬为各种叶菜和根菜，后茬也可以是叶菜和根菜，与短秆作物或蔬菜间、套种，如毛豆、甘蓝、球茎茴香、葱、蒜等隔畦间作。秋棚番茄，套种小菜可降地温。在番茄中套种甜玉米，可诱蛾产卵，集中消灭。

茄子：前茬为越冬叶菜，也可与早生甘蓝、早熟白菜、春萝卜、水萝卜、樱桃萝卜等生长期短的蔬菜套种，后茬可栽种大白菜等秋菜。

辣椒：不宜与茄科作物连作，与叶菜、根菜、花生等短秆作物间作。

甜瓜：忌连作。轮作3～5年。忌与其他瓜类或老菜园接茬。瓜以叶菜类为前后茬最好，后茬叶菜可明显增产。

豆类：含菜豆、豌豆、荷兰豆、甜脆豆、架豆等不宜连作，轮作3年以上，前茬为秋冬菜或闲地，露地菜、水稻、玉米、花生等粮食作物均可作前茬。南方春茬为春萝卜、菠菜等春小菜茬，后作蔬菜主要为越冬菠菜、芹菜、大白菜和秋甘蓝。南方则以秋马铃薯、萝卜白菜、乌塌菜、芥蓝、菜心间作。在北方特别适合与高秆作物间作。

萝卜：秋冬萝卜茬口多以瓜类、茄果类、豆类为宜，早春萝卜为菠菜、芹菜、甘蓝、秋莴苣及胡萝卜，四季萝卜可与南瓜等隔畦套作。

胡萝卜：秋冬胡萝卜：前茬作物多为小麦、春白菜、春甘蓝、豆类等；后茬作物可接种麦、洋葱、春甘蓝、大葱、马铃薯等。春播胡萝卜：前茬多为秋白菜、大葱、冬甘蓝、菠菜；后作蔬菜多为白菜、甘蓝类、芹菜、菠菜、秋四季豆、秋黄瓜等。

芜菁：前茬瓜类、豆类、茄果类，马铃薯，2~3年轮作，不与其他十字花科蔬菜连作。

马铃薯：前茬为葱蒜类、黄瓜，其次为禾谷类作物及大豆。茄科作物不宜相互轮作。与根菜类也不宜相互轮作。与其他作物套种时应注意：①应选早熟、植株矮小的品种；②共生期尽早缩短，产品器官形成盛期错开；③少争夺温、光、水、肥和影响管理。

美洲防风：春季茬为菠菜、白菜、胡萝卜。

薯蓣：春季可与叶菜类、甘蓝类、小麦、豆类间作，夏季可套种茄果类、瓜类蔬菜，秋季可套种耐寒性蔬菜，2~3年轮作。

大葱：最忌连作。需3年以上轮作，与粮食作物轮作，利用葱茬栽培大白菜和瓜类蔬菜。大葱生长前期间种早熟萝卜，后期套种菠菜等越冬作物。

洋葱：它是秋作瓜果类蔬菜的良好前茬作物，与番茄、冬瓜等瓜果类蔬菜隔畦间作，或在畦埂上套种莴笋、四季萝卜、矮生豇豆，球茎茴香和茄子等蔬菜。

大蒜：最忌连作，或与其他葱属类植物重茬。秋播大蒜的前茬以早熟菜豆、瓜类、茄果类和马铃薯的茬口最好；春播大蒜以秋菜豆、瓜类、南瓜、茄果类最好。大蒜是其他作物的良好前茬。

大白菜：与水稻轮作；不宜连作和与其他十字花科作物轮作。在轮作中：①选收获期较早的蔬菜，如茄果类；②选前茬施肥较多的蔬菜，如黄瓜、西瓜；③葱蒜为前作，可以减少病虫害。大白菜种在韭菜埂上或大蒜垄间，病害明显减少。

小白菜与乌塌菜：可与瓜类、豆类、根菜类及大田作物轮作。春植的菜可与茄果类、豆类、瓜类、薯蓣等间套种。夏秋菜可与芹菜、茼蒿、胡萝卜混播。早秋白菜可以与花椰菜、甘蓝、秋土豆等间套种。冬季与春甘蓝、莴笋等间作。

结球甘蓝：前作以瓜类、豆类为主，忌连作。露地可与玉米等高秆作物间作。可与番茄、黄瓜、架豆等高架蔬菜隔畦间作。

苋菜：茄果、瓜类、豆类蔬菜早熟栽培(大棚或温室内)间作。

荠菜：秋播荠菜最好前茬为番茄、黄瓜。春荠菜前茬为大蒜，忌连作。

冬瓜：冬瓜株间种姜5～6株，畦的一边种葛，另一边种芋头。4、5月份后在韭菜畦中套种冬瓜或辣椒、茄子套种冬瓜。番茄套种冬瓜。冬瓜架下套种球茎茴香、莴笋、结球甘蓝和小叶菜；在山地，冬瓜套种姜。

西瓜：轮作5～8年以上。轮作作物有：小麦、水稻、玉米、萝卜、甘薯和绿肥。

莲藕：藕、稻轮作，早藕收获后可种植水芹、慈菇、荸荠、豆瓣菜。莲藕常常与慈菇、荸荠、茭白隔年轮作，或与茭白间作。

茭白：不宜连作，与藕、慈菇、荸荠、蒲草、茨实、水稻轮作。

第八章　有机食品的认证

112.有机食品认证的标准是什么?

中国有机产品的标准发展经过了一个从分散到规范的过程。2004年之前，中国没有统一的有机产品标准，各个机构制定自己的有机认证标准。如国环有机产品认证中心制定的OFDC认证标准，杭州茶叶研究所制定的有机茶认证标准。随着中国有机产业的发展和中国认监委的成立，2004年认监委发布实施了试行标准——《有机食品认证规范》，在全国范围内试点实施。经过一年的摸索和实践，在《有机食品认证规范》的基础上，认监委正式发布实施有机产品的国家标准《GB19630.1-4—2005》。至此，该标准成为中国有机产品生产、经营、认证实施的唯一标准。

在中国认证业务开展的同时，很多国外的认证机构也进入到中国市场，通过各种方式在华开展业务，如OCIA、ECOCERT、IMO、BCS等。这些国际的认证机构可以受理美国、欧盟、日本等国家标准的认证。

113.生产农场(基地)有机颁证的条件是什么？

凡申请有机认证的农场(基地)应该是边界清晰、所有权和经营权明确的农业生产单位。通过认证的农场(基地)在所属范围内生产的所有植物和动物性产品都可以作为有机产品，可以允许农场(基地)存在平行生产。平行生产指有机生产者、加工者、贸易者同时从事相同品种的其他方式的生产、加工或贸易。其他方式包括非有机和有机转换。但农场(基地)经营者必须指定专人管理和经营用于有机生产的土地，且生产者必须采取有效措施区分非有机地块上的和已获得认证的地块上的植物、动物，这些措施包括：分开收获、单独运输、分开加工、分开贮存和健全跟踪记录等。

生产者必须提供最近4年(含申请认证的年度)农场(基地)所有土地的使用情况、有关的生产方法、使用物质、作物收获及采后处理、作物产量以及目前的生产措施等整套资料。

114.有机食品认证申请应提交哪些材料？

凡申请有机食品认证，一般都必须具备以下条件：

(1)取得国家工商行政管理部门或有关机构注册登记的法人资格；

(2)已取得相关法规规定的行政许可(适用时)；

(3)生产、加工的产品符合中华人民共和国相关法律、法规、安全卫生标准和有关规范的要求；

(4)建立和实施了文件化的有机产品管理体系，并有效运行3个月以上；

(5)申请认证的产品种类应在国家认监委公布的《有机产品认证目

录》内；

同时认证委托人应提交以下文件和资料：

(1)认证委托人的合法经营资质文件复印件，如营业执照副本、组织机构代码证、土地使用权证明及合同等。

(2)认证委托人及其有机生产、加工、经营的基本情况：认证委托人名称、地址、联系方式；当认证委托人不是产品的直接生产、加工者时，生产、加工者的名称、地址、联系方式。

(3)生产单元或加工场所概况。

①申请认证产品名称、品种及其生产规模包括面积、产量、数量、加工量等；同一生产单元内非申请认证产品和非有机方式生产的产品的基本信息。

②过去三年间的生产历史，如植物生产的病虫草害防治、投入物使用及收获等农事活动描述；野生植物采集情况的描述；动物、水产养殖的饲养方法、疾病防治、投入物使用、动物运输和屠宰等情况的描述。

③申请和获得其他认证的情况。

(4)产地(基地)区域范围描述，包括地理位置、地块分布、缓冲带及产地周围临近地块的使用情况等；加工场所周边环境描述、厂区平面图、工艺流程图等。

(5)有机产品生产、加工规划，包括对生产、加工环境适宜性的评价，对生产方式、加工工艺和流程的说明及证明材料，农药、肥料、食品添加剂等投入物质的管理制度以及质量保证、标识与追溯体系建立、有机生产加工风险控制措施等。

(6)本年度有机产品生产、加工计划，上一年度销售量、销售额和主要销售市场等。

(7)承诺守法诚信，接受行政监管部门及认证机构监督和检查，保证提供材料真实、执行有机产品标准、技术规范的声明。

(8)有机生产、加工的管理体系文件。

(9)有机转换计划(适用时)。

(10)当认证委托人不是有机产品的直接生产、加工者时，认证委托人与有机产品生产、加工者签订的书面合同复印件。

(11)其他相关材料。

115.有机食品认证如何进行现场检查?

认证中心对申报材料进行合同评审和文件审核。审核合格后，认证中心根据项目特点，依据认证收费细则，估算认证费用，向企业寄发《受理通知书》、《有机食品认证检查合同》(简称《检查合同》)。若审核不合格，认证中心通知申请人且当年不再受理其申请。申请人确认《受理通知书》后，与认证中心签订《检查合同》。根据《检查合同》的要求，申请人交纳相关费用，以保证认证前期工作的正常开展。

根据所申请产品的对应的认证范围，认证机构应委派具有相应资质和能力的检查员组成检查组。每个检查组至少有一名相应认证范围注册资质的专业检查员。

检查组应制订检查计划，并在现场检查前得到认证委托人的确认。现场检查时间应当安排在申请认证产品的生产、加工的高风险阶段。因生产季等原因，初次现场检查不能覆盖所有申请认证产品的，应当在认证证书有效期内实施现场补充检查。

现场检查应对生产单元的全部生产活动范围逐一进行；多个农户负责生产(如农业合作社或公司+农户)的组织应检查全部农户。根据认证依据的要求对认证委托人的管理体系进行评审，核实生产、加工过程与认证委托人所提交的文件的一致性，确认生产、加工过程与认证依据的符合性。

检查组在结束检查前，应对检查情况进行总结，向受检查方及认证委托人明确并确认存在的不符合项，对存在的问题进行说明。同时，对申请认证的所有产品进行检测，并在风险评估基础上确定检测项目。认证证书发放前无法采集样品的，应在证书有效期内进行检测。

最后出具检查报告，检查报告应包括检查组通过风险评估对认证委托人的生产、加工活动与认证要求符合性的判断，对其管理体系运行有效性的评价，对检查过程中收集的信息以及对符合与不符合认证要求的说明，对其产品质量安全状况的判定等内容。

116.认证机构如何作出认证决定?

认证机构应基于对产地环境质量在现场检查和产品检测评估的基础上作出认证决定。认证决定同时应考虑的因素还应包括：产品生产、加工特点，企业管理体系稳定性，当地农兽药管理和社会整体诚信水平等。

对于符合认证要求的认证委托人，认证机构应颁发认证证书。

对于不符合认证要求的认证委托人，认证机构应以书面的形式明示其不能通过认证的原因。

认证委托人符合下列条件之一，予以批准认证：

(1)生产加工活动、管理体系及其他审核证据符合本规则和认证标准的要求；

(2)生产加工活动、管理体系及其他审核证据虽不完全符合本规则和认证依据标准的要求，但认证委托人已经在规定的期限内完成了不符合项纠正或(和)纠正措施，并通过认证机构验证。

认证委托人的生产加工活动存在以下情况之一，不予批准认证：

(1)提供虚假信息，不诚信的；

(2)未建立管理体系或建立的管理体系未有效实施的；

(3)生产加工过程使用了禁用物质或者受到禁用物质污染的；

(4)产品检测发现存在禁用物质的；

(5)申请认证的产品质量不符合国家相关法规和(或)标准强制要求的；

(6)存在认证现场检查场所外进行再次加工、分装、分割情况的；

(7)一年内出现重大产品质量安全问题或因产品质量安全问题被撤销有机产品认证证书的；

(8)未在规定的期限完成不符合项纠正或者(和)纠正措施，或者提交的纠正或者(和)纠正措施未满足认证要求的；

(9)经监(检)测产地环境受到污染的；

(10)其他不符合本规则和(或)有机标准要求，且无法纠正的。

颁证委员会作出颁证决定后，中心主任授权颁证委员会秘书处根据颁证委员会作出的结论在颁证报告上使用签名章，签发颁证决定。

117.有机食品证书的变更、注销和暂停指什么?

(1)认证证书的变更。

获证产品在认证证书有效期内，有下列情形之一的，认证委托人应当向认证机构申请认证证书的变更：

①有机产品生产、加工单位名称或者法人性质发生变更的；

②有机产品生产、加工单位注册地址发生变更的；

③有机产品转换期满的；

④产品种类和数量减少的；

⑤其他需要变更的情形。

(2)认证证书的注销。

有下列情形之一的，认证机构应当注销获证组织认证证书，并对外公布：

①认证证书有效期届满前，未申请延续使用的；

②获证产品不再生产的；

③认证委托人申请注销的；

④其他依法应当注销的情形。

(3)认证证书的暂停。

有下列情形之一的，认证机构应当暂停认证证书1～3个月，并对外公布：

①未按规定使用认证证书或认证标志的；

②获证产品的生产、加工过程或者管理体系不符合认证要求，且在30日内不能采取有效纠正或者纠正措施的；

③未按要求对信息进行通报的；

④认证监管部门责令暂停认证证书的；

⑤经 COFCC 抽检或者经国家质量监督检测，其产品的标签、感官及其他非卫生安全指标未达到相关标准；

⑥获证的有机产品生产、加工企业所有权发生变更；

⑦其他需要暂停认证证书的情形。

118.有机食品证书的撤销和恢复指什么？

(1)认证证书的撤销。

有下列情况之一的，认证机构应当撤销认证证书，并对外公布：

①获证产品质量不符合国家相关法规、标准强制要求或者被检出禁用物质的。

②生产、加工过程中使用了有机产品国家标准禁用物质或者受到禁用物质污染的。

③虚报、瞒报获证所需信息的；超范围使用认证标志的；产地(基地)环境质量不符合认证要求的。

④认证证书暂停期间，认证委托人未采取有效纠正或者(和)纠正措施的。

⑤获证产品在认证证书标明的生产、加工场所外进行了再次加工、分装、分割的；对相关方重大投诉未能采取有效处理措施的。

⑥获证组织因违反国家农产品、食品安全管理相关法律法规，受到相关行政处罚的。

⑦拖欠认证费用达3个月以上的；未经 COFCC 核准，擅自全部或部分采用未经核准的原料，或者擅自改变产品配方；未经 COFCC 书面同意，将标志转让或许可给第三者使用。

⑧获证组织不接受认证监管部门、认证机构对其实施监督的。

⑨认证监管部门责令撤销认证证书的。

⑩其他需要撤销认证证书的。

(2)认证证书的恢复。

认证证书被注销或撤销后，不能以任何理由予以恢复。

被暂停证书的获证组织，需认证证书暂停期满且完成不符合项纠正或(和)纠正措施并经认证机构确认后方可恢复认证证书。

119.有机食品颁证有几种？

颁证委员会将定期召开全体委员会议，根据有机认证标准评估检查员提供的检查报告及申请者提供的相关材料，核实申请者是否遵守有机认证标准，批准或拒绝检查员提出的颁证建议，并写出评审意见。通常情况下有以下几种不同的颁证决定：

(1)同意颁证。这种情况通常是申请者已经过转换审查，并履行了颁证委员会提交的改进建议，申请者的种植／加工／贸易已全部符合标准。在这种情况下，申请者可以获得“有机原料生产证书”或“有机加工证书”或“有机贸易证书”。申请认证的产品可以作为有机产品销售。

(2)有条件颁证。在某种情况下，申请者的某些生产条件和质量控制措施还需要改进，只有在申请者的这些生产条件满足认证要求，并书面通知颁证委员会后，才能获得颁证。

(3)不能获得颁证。当生产者的某些重要生产环节和质量控制措施不符合有机认证标准，不能通过认证。在这种情况下，颁证委员会将书面通知申请人不能获得颁证的原因。申请者必须继续进行有机转换，采取整改措施，使生产和操作完全满足标准，方可重新申请认证。

(4)转换认证。如果申请人的生产基地以前曾使用过禁用物质，但在一年前就开始按照有机生产要求进行转换，并且打算一直按照有机农业方式进行生产，则可颁发有机转换基地证书，从该基地收获的产品，可作为有机转换产品销售。

120.什么情况下有机食品会被取消颁证？

如果出现了下述情况之一，颁证委员会可以取消颁证：一是生产管理档案的记载不完全而且没有采取改进措施的。二是有机产品在处理过程中受到化学物质污染或经过离子辐射处理或禁用物质薰蒸，或检查出了有禁用物质残留。三是生产者对作物品质低劣、土壤肥力下降以及水土流失等问题，没有采取相应的对策。四是生产者向检查员或颁证委员会反映的情况不真实，或以其他不正当手段获取的证书。五是违反了标志管理章程。六是生产者未按照规定缴纳与检查、认证或标志使用有关的费用。

121.加工企业有机颁证的条件是什么？

申请认证的加工企业应是所有权和经营权明确的加工单位。允许加工企业同时加工相同品种的有机产品和常规产品，但必须采取切实可行的保证措施，明确区分有机加工和常规加工。主要加工原料必须来自有机生产体系。加工工艺应尽量保持有机产品的营养成分，并保持产品的有机完整性。加工场所周围如果存在或有潜在的污染源，必须采取切实可行的措施，保证加工产品不受影响，加工过程对环境的影响应最小化。加工单位排放废弃物必须达到相应标准。禁止在有机食品加工中使用来自基因工程的配料、添加剂和加工助剂。加工助剂指为了在加工过程中实现特定的技术目的，而在原材料的加工中有意使用的物质或材料。它本身不作为产品成分，但在终产品中可能存在其残留物或衍生物。

122.经营贸易有机颁证的条件是什么？

从事国内销售和进出口贸易的单位必须具有相应的资质证明。同时经营相同品种的有机产品和常规产品时，必须明确区分相同品种的有机产品和常规产品。应确保有机产品在贸易过程中(进货、贮存、运输和销售等环节)不受有毒化学物质以及其他物质的污染，要确保有机认证产品的完整性。必须制定和实施有机贸易内部质量控制措施，建立关于货源、运输、贮存和销售的完整的档案记录，并保留相应的票据。贸易者对购买的有机产品进行再包装时，必须符合有机产品关于包装和标识的标准要求。

123.有机食品检测有哪些技术规范？

有机食品检测的技术规范主要有：

(1)采样时必须使所采的有机样品具有代亲性和均匀性，要认真填写采样记录，写明样品的有机食品生产日期、批号、采样条件和包装情况等。

(2)外地调入的有机食品应根据运货单、食品检验部门或卫生部门的化验单等了解起运日期、来源、地点、数量和品质以及有机食品的运输、贮藏等基本情况，并填写检测项目及采样人。

(3)采样的数量必须能反映该有机食品的卫生质量和满足检验项目对试样用量的需求，并且一式三份供检验、复验和备查用，一般情况下，每份样品的重量不得少于0.5千克。

(4)有机食品的检测与我国食品卫生检测的内容以及方法大致相同。它主要包括感观指标、理化指标和微生物指标。

(5)检测的主要项目有：

①有机食品的一般成分分析（包括比重、水分、灰分、蛋白质、脂肪、还原糖、蔗糖、淀粉、粗纤维等）。

②有机食品中有害元素的测定（汞、砷、铅、镉、锡、氟等）。

③有机食品农药残留量的测定（包括有机磷农药残留量、六六六、滴滴涕等）。

④有机食品中添加剂的测定（包括亚硝酸盐与硝酸盐、亚硫酸盐、糖精、山梨酸、苯甲酸、禁用防腐剂、食用人工合成色素等）。

⑤食品中细菌的测定（包括细菌总数、大肠菌群数、沙门菌、病原性大肠艾希菌、副溶性弧菌、葡萄球菌等）。

(6)有机食品发展中心将根据食品行业（粮油、肉与肉制品、蛋与蛋制品、水产品等）的不同持点，按照国家卫生法的要求以及行业检测标准和有机（天然）食品加工的规定，拟定各自的检测项目。

(7)有机食品卫生指标执行国家食品卫生标准。

124.有机食品国内主要颁证机构有哪些?

截至目前，认监委授权国内可以开展认证业务的认证机构有20多家。主要是：

(1)中国质量认证中心(CQC)；

(2)杭州万泰认证有限公司(WIT)；

(3)方圆标志认证集团有限公司(CQM)；

(4)广东中鉴认证有限责任公司(GZCC)；

(5)浙江公信认证有限公司(GAC)；

(6)中食恒信(北京)质量认证中心有限公司；

(7)上海质量体系审核中心(SAC)；

(8)北京中安质环认证中心(ZAZH)；

(9)黑龙江省农产品质量认证中心；

(10)中环联合(北京)认证中心有限公司(CEC)；

(11)北京五洲恒通认证有限公司(CHTC)；

(12)北京中绿华夏有机食品认证中心(COFCC)；

(13)辽宁方园有机食品认证有限公司(FOFCC)；

(14)黑龙江绿环有机食品认证有限公司(HLJOFCC)；

(15)辽宁辽环有机食品认证中心；

(16)北京五岳华夏管理技术中心(CHC)；

(17)新疆生产建设兵团环境保护科学研究所认证中心；

(18)西北农林科技大学认证中心(YLOFCC)；

(19)南京国环有机产品认证中心(OFDC)；

(20)北京东方嘉禾认证有限责任公司；

(21)杭州中农质量认证中心(OTRDC)；

(22)北京爱科赛尔认证中心有限公司；

(23)南京英目认证有限公司；

(24)湖南欧格有机认证有限公司；

(25)北京中合金诺认证中心有限公司；

(26)上海色瑞斯认证有限公司。

125.中国香港和台湾地区有机食品颁证机构有哪些?

中国香港和台湾地区现有5家有机食品认证机构，分别是：

(1)香港有机认证中心(HKOCC)；

(2)香港有机资源中心(HKORC)；

(3)慈心有机农业发展基金会(TOAF)；

(4)国际美育自然生态基金会(MOA)；

(5)台湾省有机农业生产协会(TOPA)。

126.有机食品国外主要颁证机构有哪些?

有机食品国外认证机构主要有：

(1)欧盟国际生态认证中心(ECOCERT)；

(2)新西兰有机协会 VERYTRUST 有机认证；

(3)美国的 OCIA(全称“国际有机作物改良协会”)；

(4)德国天然有机认证 BDIH；

(5)德国的 ECOCERT、BCS 和 GFRS；

(6)瑞士生态市场研究所(IMO)；

(7)荷兰的 SKAL；

(8)日本的 JONA；

(9)法国的 IFOAM 等。

127.OFDC 是什么组织?

OFDC 是南京国环有机产品认证中心(原国家环境保护总局有机食品发展中心检查认证部)的简称，是经中国国家认证认可监督管理委员会(CNCA)批准、中国合格评定国家认可委员会(CNAS)和国际有机农业运动联盟(IFOAM)认可机构(IOAS)认可的专业从事有机产品和良好农业规范(GAP)认证的认证机构。目前 OFDC 设有检查一部、检查二部、认证认可部和综合部，拥有国家注册有机产品和良好农业规范(GAP)认证检查员50多名，其中高级检查员20多名。

OFDC 认证领域包括：

中国《有机产品》国家标准认证依据《GB/T19630有机产品》国家标准实施有机认证，认证的有机产品可以在中国境内销售。

加拿大国家有机标准认证依据加拿大有机法规和加拿大有机标准实施有机认证，认证的有机产品可直接出口到加拿大，并通过加—美有机等效协议进入美国市场，同时在有机产品包装上可使用加拿大和/或美国的有机标志。

日本国家有机标准(JAS)认证依据日本有机JAS标准进行认证，认证的有机产品可直接出口到日本。

OFDC有机标准认证《OFDC有机认证标准》已经被IFOAM认可组织(IOAS)评估确认为等同于欧盟法规，依据《OFDC有机认证标准》认证的有机产品可以直接或通过互认的形式进入欧盟等国际重要的有机产品市场。

128.OFDC有机食品的认证程序是怎样的?

OFDC有机食品的认证程序一般为：

(1)申请者向国家环境保护总局有机食品发展中心(简称中心或OFDC)索取申请表。

(2)申请人将填好的申请表传回中心，中心根据申请表所反映的情况决定是否受理。若同意受理，则书面通知申请人。申请人向中心交纳申请费后，中心将全套调查表及有关资料寄给申请人。

(3)申请人将填好的调查表寄回中心，中心将对返回的调查表进行审查，若未发现有明显违反有机食品颁证标准的行为，将与申请人签订审查协议。一旦协议生效，中心将派出检查员，对申请人的生产基地、加工厂及贸易情况等进行现场审查(包括采集样品)。

(4)检查员将现场检查情况写成正式报告报送OFDC颁证委员会。

(5)颁证委员会定期召开会议，对检查员提交的检查报告及相关材料依照有关程序和规范进行评审，并写出评审意见，通常有以下几种不同的颁证结果：

①同意颁证。申请者的产品若全部符合有机食品认证要求，可以分别发给“OFDC有机农场证书”或“OFDC有机加工证书”以及“OFDC有机贸易证书”，在此情况下，申请者申请认证的产品可以作为有机产品销售。

②有条件颁证。在此情况下，申请者的某些生产条件或管理措施需要改进，只有在申请者的这些生产条件或管理措施满足认证要求，并经OFDC确认后，才能获得颁证。

③不能获得颁证。生产者的某些生产环节/管理措施不符合有机生产标准，不能通过OFDC认证。在此情况下，颁证委员会将书面通知申请人不能颁证的原因。

④如果申请人的生产基地是因为在一年前使用了禁用物质或生产管理措施尚未完全建立等原因而不能获得颁证，其他方面基本符合要求，并且打算以后完全按照有机农业方式进行生产和管理，则可颁发“有机农场转换证书”，从该基地收获的产品也可作为有机转换产品销售。

(6)给通过认证的有机生产、加工和贸易者颁发销售证书，并签订OFDC标志使用协议。

129. COFCC是什么组织？

COFCC是北京中绿华夏有机食品认证中心(China Organic Food Certification Center)的简称，是中国农业部推动有机农业运动发展和从事有机食品认证、管理的专门机构，也是中国国家认证认可监督管理委员会(CNCA)批准设立的有机产品认证机构、认证培训机构，并获得中国合格评定国家认可委员会(CNAS)的认证机构认可和中国认证认可协会的培训机构确认。

COFCC设有认证一部、认证二部、管理部、发展部、综合部，职责明确。在运行机制上，COFCC既遵循国际通行的惯例，又充分考虑中国的国情，同时借鉴农业系统的工作体系优势，独立地开展各项工作。

COFCC 的主要职责包括：

有机产品的认证和管理；有机产品检查员培训；支持企业培育有机食品市场；开展与国际相关机构的各种合作，促进有机产品国际贸易；提供有机产品信息服务；开展有机农业发展的理论研究；为中国政府提供有机产品标准和有机农业政策制定依据；接受国务院认证认可监管部门监督管理。

国内认证业务。在农业部与国家认监委的正确领导下，在各级农业行政主管部门的共同努力下，几年来，COFCC的认证业务得到了快速发展。截至2010年年底，通过COFCC认证的企业数达到1202家，获证产品数达到5598个。

国际交流合作与国外认证。自成立以来，COFCC积极与国外认证机构进行交流与合作，目前与德国BCS、日本JONA等认证机构建立了良好的认证业务合作关系。COFCC自2006年开始拓展海外认证业务，目前已有德国、法国、瑞士、丹麦、芬兰、日本、澳大利亚、新西兰、美国等10多个国家和地区的20个有机农业项目通过了 COFCC 认证。

130.COFCC 有机食品的认证程序是怎样的?

COFCC 有机食品的认证程序一般为：

(1)申请。

①申请人提出正式申请，向 COFCC 分中心领取《有机食品保持认证调查表》（一式二份)和《有机食品保持认证书面资料清单》等文件(www.ofcc.org.cn 处下载)。

②申请人按《有机食品生产技术准则》的要求，完善本企业的质量管理体系、质量保证体系的技术措施和质量信息追踪及处理体系。

(2)检查计划。

①申请人向分中心提交填写完毕的《有机食品保持认证调查表》（一式二份)和《有机食品保持认证书面资料清单》要求的文件；分中心预审核实后将有关材料拷贝给 COFCC。

② COFCC 根据申请人提供的项目情况，制订检查计划和核算认证费用。

③ COFCC 向申请者寄发《受理通知书》并同时通知分中心。

(3)实地检查评估。

① COFCC 派出有资质的检查员进行实地检查。

②检查员从 COFCC 或其分中心处取得申请人相关资料，依据《有机食品生产技术准则》的要求，对申请人的质量管理体系、生产过程控制体系、追踪体系以及产地、生产、加工、仓储、运输、贸易等进行实地检查评估。

③必要时，检查员可对水、土、气及产品抽样，由检查员和申请人共同封样送指定的质检机构检测。

(4)编写检查报告。

①检查员完成检查后，按 COFCC 要求编写检查报告。

②检查员在检查完成后两周内将检查报告送达 COFCC。

(5)综合审查评估意见。

① COFCC 根据申请人提供有机食品保持认证调查表等相关材料以及检查员的检查报告和相关检验报告等进行综合审查评估，编制颁证评估表，提出评估意见。

② COFCC 将评估意见报颁证委员会审议。

(6)颁证决议。

颁证委员会定期召开颁证委员会工作会议，对申请人的有机食品保持认证调查表、检查员的检查报告和认证中心的评估意见等材料进行全面审查，作出同意颁证、有条件颁证、有机转换颁证或拒绝颁证的决定。证书有效期为一年。

①同意颁证。申请内容完全符合有机食品标准，颁发有机食品证书。

②有条件颁证。申请内容基本符合有机食品标准，但某些方面尚需改进，在申请人书面承诺按要求进行改进以后，亦可颁发有机食品证书。

③有机转换颁证。申请人的基地进入转换期一年以上，并继续实施有机转换计划，颁发有机食品转换证书。产品按“转换期有机食品”销售。

④拒绝颁证。申请内容达不到有机食品标准要求，颁证委员会拒绝颁证，并说明理由。

(7)颁证决定签发。

颁证委员会作出颁证决定后，中心主任授权颁证委员会秘书处(认证二部)根据颁证委员会作出的结论在颁证报告上使用签名章，签发颁证决定。

(8)有机食品标志的使用。

根据证书和《有机食品标志使用管理规则》的要求，签订《有机食品标志使用许可合同》，并办理有机食品标志的使用手续。

(9)保持认证。

①有机食品认证证书有效期为1年，在新的年度里，COFCC会向获证企业发出《保持认证通知》。

②获证企业在收到《保持认证通知》后，应按照要求提交认证材料、与联系人沟通确定实地检查时间并及时缴纳相关费用。

③保持认证的文件审核、实地检查、综合评审、颁证决定的程序同初次认证。

第九章　有机食品的标志

131.中国有机食品认证的标志为什么不一样?

中国的有机食品认证标志不一样是因为它们以公司+国家机构行为认证，标准虽然大致相同，但是为了区分是哪家认证机构认证的，保障行业和市场的稳定，使得消费者和企业认知到认证只是一种标准，但国家让它商业化，所以标志不一样是区分哪家公司认证的，来保证未来此证的权威和真实。标志代表的是哪家的有机认证更加真实、更加权威。

132.什么是中国有机食品标志？

“中国有机产品标志”的主要图案由三部分组成，即外围的圆形、中间的种子图形及其周围的环形线条。

标志外围的圆形形似地球，象征和谐、安全，圆形中的“中国有机产品”字样为中英文结合方式，既表示中国有机产品与世界同行，也有利于国内外消费者识别。

标志中间类似于种子的图形代表生命萌发之际的勃勃生机，象征了有机产品是从种子开始的全过程认证，同时昭示出有机产品就如同刚刚萌发的种子，正在中国大地上茁壮成长。

种子图形周围圆润自如的线条象征环形道路，与种子图形合并构成汉字“中”，体现出有机产品植根中国，有机之路越走越宽广。同时，处于平面的环形又是英文字母“C”的变体，种子形状也是“O”的变形，意为“China Organic”。

绿色代表环保、健康，表示有机产品给人类的生态环境带来完美与协调。橘红色代表旺盛的生命力，表示有机产品对可持续发展的作用。

133. 目前在中国还有哪些有机食品认证标志?

目前在中国市场上除中国有机食品认证标志外，还有以下认证标志：

OFDC 有机标准认证标志

(1) OFDC 有机标准认证。《OFDC 有机认证标准》已经被 IFOAM 认可组织(IOAS)评估确认为等同于欧盟法规，依据《OFDC 有机认证标准》认证的有机产品可以直接或通过互认的形式进入欧盟等国际重要的有机产品市场。

美国国家有机标准认证标志

(2)加拿大国家有机标准认证。依据加拿大有机法规和加拿大有机标准实施有机认证，认证的有机产品能够直接出口到加拿大。南京国环有机产品认证中心(OFDC)目前是国内唯一能够提供该认证服务的亚洲有机认证机构。

加拿大国家有机标准认证标志

按照加拿大有机法规和加－美有机等效协议获得认证的产品可以进入美国市场，另外同时可以在获得认证的产品上使用加拿大和／或美国的有机标志。

日本国家有机标准(JAS)认证标志

(3)日本国家有机标准(JAS)认证。OCIA-JANPAN获得日本农林水产省(MAFF)的认可，南京国环有机产品认证中心(OFDC)承担OCIA-JAPAN在中国境内的有机产品认证服务，依据日本JAS标准进行认证，认证的有机产品能够直接出口到日本。

中绿华夏标志认证标志

(4)中绿华夏标志。该标志采用人手和叶片为创意元素。我们可以感觉到两种景象：其一是一只手向上持着一片绿叶，寓意人类对自然和生命的渴望；其二是两只手一上一下握在一起，将绿叶拟人化为自然的手，寓意人类的生存离不开大自然的呵护，人与自然需要和谐美好的生存关系。

(5) 良好农业规范(China–GAP) 认证。良好农业规范 (Good Agricultural Practice，简称 GAP)，是一套主要针对初级农产品生产的操作规范，鼓励减少农用化学品和药品的使用，关注动物福利、环境保护、工人的健康、安全和福利，保证初级农产品生产安全的一套规范体系。

良好农业规范(China - GAP)认证标志

GAP 是以危害预防(HACCP)、良好卫生规范、可持续发展农业和持续改良农场体系为基础，避免在农产品生产过程中受到外来物质的严重污染和危害。该标准主要涉及大田作物种植、水果和蔬菜种植、畜禽养殖、牛羊养殖、奶牛养殖、生猪养殖、家禽养殖、畜禽公路运输等农业产业等。

国家认证认可监督管理委员会(CNCA)先后与智利 GAP、日本 JGAP 和美国 GAP 等各国的相关组织开展了 GAP 方面的技术合作，开展了互认工作。2009 年2月，国家认监委与欧盟良好农业规范组织 GLOBALGAP 签署了《技术合作备忘录》，至此，企业通过一次评审，可以获得 China - GAP、GLOBALGAP 双方承认的结果，对促进我国农产品扩大出口具有积极作用。

134. 有机食品的标志使用有什么规定？

标志指出现在产品的标签上，附在产品上或显示在产品附近的书面、印刷或图解形式的表示。有机认证标志是注册证明商标，获得认证的产品可以使用此标志。

根据《认证证书和认证标志管理办法》、《有机产品认证管理办法》和《有机产品》国家标准的要求，签订《有机食(产)品标志使用许可合同》，并办理有机／有机转换标志的使用手续。

获证产品或者产品的最小销售包装上应当加施中国有机产品认证标志及其唯一编号、认证机构名称或者其标识。初次获得有机转换产品认证证书一年内生产的有机转换产品，只能以常规产品销售，不得使用有机转换产品认证标志及相关文字说明。

对于有机加工产品，如果获得认证的原料在终产品中所占的比例在95%以上，并且是由颁证委员会认可的设施加工和包装的，可以使用有机认证标志；如果获得认证的原料在终产品中所占的比例不足95%，但超过70%，可以用文字描述认证的原料及所占的比例，但不能使用有机认证标志。由多种原料加工成的产品，必须在产品的外包装上按照由多到少的顺序逐一列出各种原料的名称及所占的重量百分比，并注明哪些是通过有机认证的。获得有机转换认证的产品可以使用有机转换标志，但必须在包装上明确注明为有机转换产品。

在产品的外包装上必须标明生产或加工单位的名称、地址、认证证书号、生产日期及批号。完全由符合要求的野生材料制成的产品应清楚地标明“野生”或“天然”字样。动物配合饲料的标签上应清楚地标明适用的畜禽种类和用途以及是否已证明营养充足。产品标识不能错误地诱导消费者。在产品的外包装上印刷标志或说明的油墨必须无毒、无刺激性气味。

135.有机食品的标志使用怎样进行监督？

《有机(天然)食品证书》是许可使用有机(天然)食品标志的唯一法

定证明文件，有效期为一年。《有机(天然)食品证书》持有人有权在有机食品的标签、包装、广告、说明书上使用有机食品标志。

有机食品标志图形式样由有机食品发展中心统一制作、提供。证书持有人使用有机(天然)食品标志时，可根据需要等比例放大或缩小，但不得变形、变色。

使用有机食品标志时，应在标志图形的下方同时标印该产品的证书号码。证书持有人只能在证书所列产品上使用有机食品标志，不得扩大使用范围。不得将标志的使用权转让他人。

《有机(天然)食品证书》在有效期满后需要继续使用标志的，应在期满前三个月内重新提出申请，有机食品发展中心应在期满前给予正式书面答复。有效期满后未提出申请的，不得继续使用有机食品标志。

在《有机(天然)食品证书》有效期内，有下列情形之一的，应当提出变更申请：

(1)证书持有人变更的；

(2)产品类型(规格)变更的；

(3)产品名称变更的；

(4)使用新的商标的。

有机食品发展中心应当对有机食品标志的使用情况和产品质量进行追踪审查，监督证书持有人正确和合法地使用标志。对不符合《有机(天然)食品生产和加工技术规范》的产品，撤销其《有机(天然)食品证书》。

第十章　有机食品的加工、贮藏与运输

136.有机食品加工的基本要求是什么?

(1)原料必须是自己获得有机颁证的产品或野生无污染的天然产品；

(2)已获得有机认证的原料在终产品中所占的比例不得少于95%；

(3)只使用天然的调料、色素和香料等辅助原料，不使用人工合成的添加剂；

(4)有机食品在加工过程中应避免化学物质的污染；

(5)加工过程必须有完整的档案记录，包括相应的票据。

137.有机食品加工对原料有什么要求?

加工企业加工所用的主要原料必须是经认证的有机原料，这些原料在终产品中所占的重量或体积应不少于95%。也就是说，在无法获得有机配料时，允许使用常规的，但非人工合成的配料，其总量不得超过5%。一旦有条件获得认证的有机配料时，应立即用有机配料替换非有机配料。所有使用了非有机配料的单位都必须提交将其配料转换为100%有机配料的计划。有机产品中的同一种原料和配料不允许既有有机来源的又有非有机来源的。

作为配料的水、食用盐和食用酒精，只要符合国家食品卫生标准可免于认证，且不计入有机原料中。但以酒精为主要成分的产品必须使用获得有机认证的酒精。允许使用《食品添加剂使用卫生标准》中指定的天然色素、香料和添加剂，但禁止使用人工合成的色素、香料和添加剂，禁止使用化学合成的调味品、色素。不得使用超出允许使用范围的非自然来源的加工配料和加工助剂。禁止在有机食品加工中使用来自基因工程的配料、添加剂和加工助剂。

138.有机食品对加工有什么要求？

有机食品加工应该配备专用设备，如果不得不与常规加工共用设备，则在常规加工结束后必须彻底清洗，并不得有清洗剂残留。有机产品在加工中不得与常规产品放置在同一场所或贮存在一起。

加工工艺必须不破坏食品的主要营养成分，可以使用机械方法、冷冻、加热、微波、烟熏等处理方法及微生物发酵工艺；可以采用提取、浓缩、沉淀和过滤工艺，但提取溶剂仅限于符合国家食品卫生标准的水、乙醇、动植物油、醋、二氧化碳、氮或羧酸，在提取和浓缩工艺中不得采用其他化学试剂。

有机食品加工的用水水质必须达到相关标准。加工单位排放废弃物必须达到相应标准。允许使用二氧化碳和氮作为包装填充剂。禁止在食品加工和贮藏过程中采用离子辐射处理，用于改变食品的分子结构，以控制食品中的微生物、寄生虫和害虫，从而达到保存食品或抑制诸如发芽或成熟等生理学过程的目的。

有机食品加工场所必须干净、整洁，不受有害动物或昆虫的侵扰。应通过加强加工场所的卫生管理来控制虫害，彻底消除害虫的孳生条件。

对有机食品加工场所的有害生物进行防治时，允许使用机械类的、信息素类的、气味类的、粘着性的捕害工具、物理障碍、硅藻土和声光电器具作为防治害虫的设施或材料。

允许使用中草药或维生素 D 为基本有效成分的杀鼠剂。在加工贮藏场所遭受害虫严重侵袭的紧急情况下，提倡使用中草药进行喷雾和熏蒸处理，限制使用硫磺。

139.什么是有机食品的冲顶加工？

有机加工应配备专用设备，如果必须与常规加工共用设备，则在常规加工结束后必须进行彻底清洗，并不得有清洗剂残留。也可在有机转换或常规产品加工结束、有机产品加工开始前，先用少量有机原料进行加工将残存在设备里的前期加工物质清理出去（即冲顶加工）。冲顶加工的产品不能作为有机产品销售。冲顶加工应保留记录。

140.有机食品加工中可以使用的非农业源食品添加剂和加工助剂有哪些？

对于每种添加剂在有机食品加工中的用量，首先应满足GB2760《食品添加剂使用卫生标准》的要求；如果没作特别说明，则用量仍然按照GB2760执行。

(1)琼脂，国际标号INS为406，作为增稠剂，可用于各类食品。

(2)阿拉伯胶，国际标号INS为414，作为增稠剂，可用于饮料、巧克力、冰淇淋、果酱。

(3)碳酸钙，国际标号INS为170，作为膨松剂、添加剂和加工助剂，可用于面粉加工，最大用量为30毫克／千克。

(4)氯化钙，国际标号INS为509，作为凝固剂，用于豆制品加工。

(5)氢氧化钙，国际标号INS为526，作为玉米面的添加剂和糖加工助剂。

(6)硫酸钙(天然)，国际标号INS为516，作为稳定剂、凝固剂，用于面粉、豆制品。

(7)活性炭，作为加工助剂使用。

(8)二氧化碳，国际标号INS为290，作为防腐剂、加工助剂，应是非石油制品，可用于碳酸饮料、汽酒类。

(9)柠檬酸，国际标号INS为330，为酸度调节剂，应是碳水化合物经微生物发酵的产物，可用于各类食品。

(10)膨润土(皂土、斑脱土)，可作澄清或过滤助剂。

(11)高岭土，国际标号 INS 为559，可作澄清或过滤助剂。

(12)硅藻土，可作过滤助剂。

(13)乙醇，可作溶剂。

(14)乳酸，国际标号 INS 为270，为酸度调节剂，不能来自转基因生物，可用于各类食品。

(15)氯化镁(天然)，可作稳定和凝固剂，用于豆制品。

(16)苹果酸，国际标号 INS 为296，可作酸度调节剂，不能是转基因产品，可用于各类食品。

(17)氮气，国际标号 INS 为941，用于食品保存，仅允许使用非石油来源的不含石油级的氮气。

(18)珍珠岩，可作过滤助剂。

(19)碳酸钾，国际标号 INS 为501，作为酸度调节剂，仅在不能使用天然碳酸钠的情况下允许使用，可用于面食制品。

(20)氯化钾，国际标号 INS 为508，可用于矿物质饮料、运动饮料、低钠盐酱油、低钠盐。

(21)柠檬酸钾，国际标号 INS 为332，作为酸度调节剂，可用于各类食品。

(22)碳酸钠，国际标号 INS 为500，作为酸度调节剂，可用于面制食品、糕点。

(23)柠檬酸钠，国际标号 INS 为331，作为酸度调剂剂，可用于各类食品。

(24)酒石酸，国际标号 INS 为334，作为酸度调节剂，可用于各类食品。

(25)黄原胶，国际标号 INS 为415，作为增稠剂，可用于果冻、花色酱汁。

(26)二氧化硫，国际标号INS为220，可作漂白剂，可用于葡萄酒、果酒。

(27)亚硫酸氢钾(焦亚硫酸钾)，国际标号INS为224，可作漂白剂，用于啤酒。

(28)抗坏血酸(维生素C)，国际标号INS为300，可作抗氧化剂，用于啤酒、发酵面制品。

(29)卵磷脂，国际标号INS为322，可作抗氧化剂。

(30)磷酸铵，可作加工助剂。

(31)果胶，国际标号INS为440，可作增稠剂，用于各类食品。

(32)碳酸镁，国际标号INS为504，可作加工助剂，用于面粉加工。

(33)氢氧化钠，国际标号INS为524，可作酸碱度调节剂、加工助剂。

(34)二氧化硅，国际标号INS为551，可作抗结剂，用于蛋粉、奶粉、可可粉、可可脂、糖粉、植物性粉末、速溶咖啡、粉状汤料、粉状香精。

(35)滑石粉，国际标号INS为553，可作加工助剂。

(36)明胶，可作增稠剂，用于各类食品。

(37)海藻酸钠，国际标号INS为401，可作增稠剂，用于各类食品。

(38)海藻酸钾，国际标号INS为402，可作增稠剂，用于各类食品。

(39)碳酸氢铵，国际标号INS为503，可作膨松剂，用于需添加膨松剂的各类食品。

(40)氩，国际标号INS为938，可用于食品保存。

(41)蛋清蛋白，可作加工助剂。

(42)瓜尔胶，国际标号INS为412，可作增稠剂，用于各类食品。

(43)槐豆胶，国际标号INS为410，可作增稠剂，用于果冻、果酱、冰淇淋。

(44)氧气，国际标号INS为948，可作加工助剂。

(45)酒石酸氢钾，国际标号 INS 为336，可作膨松剂，用于发酵粉。

(46)丹宁酸，国际标号 INS 为184，可作酒类过滤助剂。

(47)卡拉胶，国际标号 INS 为407，可作增稠剂，用于各类食品。

(48)巴西棕榈蜡，国际标号 INS 为903，可作加工助剂。

(49)酪蛋白，可作加工助剂。

(50)云母(滑石)，可作加工助剂(填充剂)。

(51)植物油，可作加工助剂。

141.有机食品加工中可以使用的调味品有哪些?

有机食品加工中可以使用的调味品有：

(1)香精油：以油、水、酒精、二氧化碳为溶剂，通过机械和物理方法提取的天然香料。

(2)天然烟熏味调味品。

(3)天然调味品：须根据评估添加剂和加工助剂的准则来评估认可。

142.有机食品加工中可以使用的微生物制品和其他配料有哪些?

有机食品加工中可以使用的微生物制品和其他配料有：

(1)天然微生物及其制品。基因工程生物及其产品除外。

(2)发酵剂。生产过程未使用漂白剂和有机溶剂。

(3)饮用水。

(4)食盐。

(5)矿物质(包括微量元素)和维生素。法律规定必须使用，或有确凿证据证明食品中严重缺乏时才可以使用。

143.有机茶叶加工有什么要求?

有机茶叶加工企业应符合有机产品加工企业的标准。加工企业所在地的环境应尽量与生产园地的生态条件要求一致。有机茶加工产品包括绿茶、红茶、青茶、黑茶、黄茶、白茶等茶类的初制品和精制品，有机茶在制作过程中必须执行国家食品卫生法和食品行业加工标准。

有机茶在加工过程中只允许使用物理方法和自然发酵，禁止使用和添加任何化学合成的食品添加剂、色素、维生素等化学物质。有机茶加工应尽量使用可再生能源，尽量避免把木材用作茶叶加工厂的燃料。

尽量使用有机认证的花卉香料、水果（柠檬）和油料作拼料，在没有其他替代拼料、又不能获得颁证的情况下，允许使用自然界中的无农药残留的花卉香料和油料（如茉莉花和乌柏油等）。

144.有机食品对贮藏有什么要求？

有机食品在贮存过程中不得受到其他物质的污染，要确保有机认证产品的完整性。贮藏产品的仓库必须干净、无公害、无有害物质残留，在最近一周内未用任何禁用物质处理过。

有机产品应单独存放。如果不得不与常规产品共同存放，必须在仓库内划出特定区域，采取必要的包装、标签等措施确保有机产品不与非认证产品混放。产品出入库和库存量必须有完整的档案记录，并保留相应的单据。

有机食品提倡使用由木、竹、植物茎叶和纸制成的包装材料，允

许使用符合卫生要求的其他包装材料。不得使用容易使有机食品产生污染的塑料制品等包装。包装应简单、实用，避免过度包装，并应考虑包装材料的回收利用。

145.有机食品贮藏有哪些具体的技术规范？

有机食品贮藏的技术规范主要有：

(1)食品仓库在存放有机食品前要进行严格的清扫和灭菌，周围环境必须清洁和卫生，并远离污染源。

(2)禁止使用会对有机食品产生污染或潜在污染的建筑材料与物品。严禁食品与化学合成物质接触。

(3)食品入库前应进行必要的检查，严禁受到污染和变质以及标签、编号与货物不一致的食品入库。

(4)食品必须按照入库先后、生产日期、批号分别存放，禁止不同生产日期的产品混放。对有机与普通食品应分别贮藏。

(5)定期对贮藏室用物理或机械的方法消毒，不使用会对有机食品有污染或潜在污染的化学合成物质进行消毒。

(6)管理和工作人员必须遵守卫生操作规定。所有的设备在工作和使用前均要进行灭菌。

(7)食品贮藏期限不能超过保质期，包装上应有明确的生产、贮藏日期。

(8)贮藏仓库必须与相应的装卸、搬运等设施相配套，防止产品在装卸、搬运过程中受到损坏与污染。

(9)有机食品在入仓堆放时，必须留出一定的墙距、柱距、货距与顶距，不允许直接放在地面上，保证贮藏的货物之间有足够的通风。禁止不同种类有机产品混放。

(10)建立严格的仓库管理情况记录档案，详细记载进入、搬出食品的种类、数量和时间。

(11)根据不同食品的贮藏要求，做好仓库温度、湿度的管理，采取通风、密封、吸潮、降温等措施，并经常检测食品温湿度、水分以及虫害发生情况。

(12)仓库管理必须采用物理与机械的方法和措施，有机食品的保质贮藏必须采用干燥、低温、密闭与通风、缺氧（充二氧化碳或氮气）、紫外光消毒等物理或机械方法，禁止使用人工合成的化学物品以及有潜在危害的物品。

(13)保持有机食品贮藏室的环境清洁，具有防鼠、防虫、防霉的措施，严禁使用人工合成的杀虫剂。

(14)未作特殊说明的，以国家食品卫生法为准。

146.部分有机食品的贮藏方法怎样?

(1)有机李子的贮藏：和多数水果一样，李子秋天成熟。李子皮表面有一层白霜，那是天然抗氧化剂，有了它，李子就不容易腐烂。所以假如您想长期贮藏，千万不要用手爱抚李子，以免碰掉那个白色的保护层。

一般水果在2～6℃度的环境里冷藏，温度就已足够低了，但贮藏有机李子在0～1℃似乎更好，当然，哪个温度合适与李子的品种有关。

(2)有机淡水鱼的贮藏：受到运输和贮存条件的限制，在水产市场上销售的海洋食用鱼多半以冷冻状态呈现在顾客面前。而淡水鱼则不同，我国河流、水库、湖泊等水资源分布广泛，近年来鱼类的有机养殖和认证快速发展。在中心城市，很容易买到欢蹦乱跳的有机淡水鱼，所以现买现做现吃就好，没必要在家里贮存。

但如果买到的淡水鱼太大，一次吃不完怎么办？有朋友喜欢把活鱼宰杀后直接冷冻，这个方法是错误的！生鲜淡水鱼经冷冻之后，鱼肉变得沙、棉，完全失去了鲜鱼的弹性和韧性。较好的办法是：活鱼买回后先宰杀，然后放在冰箱的0℃保鲜室里冷却数小时(这样口感、营养都达到最佳)，再拿出来烹调，待鱼做熟后，如有剩余再收入冰箱中冷冻贮藏。日后解冻食用时您会发现，鱼和刚烹调完毕的鱼并无太大区别。总结一句话：有机淡水鱼要做熟后再冷冻贮藏。

(3)有机干果的贮藏：低温、闭光、干燥、密封是我们贮存绝大多数食品时的最佳方式，贮存有机干果也不例外。南方地区，尤其进入春夏两季，高温和多雨给有机干果的保存带来了不小的难度。未及时食用完毕的干果，搁置一段时间后，会酸败变质，俗称“哈喇”。

不管哪个季节，不管哪个地方，家庭贮藏有机干果都最好采取如下步骤：第一，要密封外包装；第二，放入冰箱冷藏室中；第三，尽量食用完毕。

(4)有机葡萄酒的贮藏：过分干燥并不利于有机葡萄酒的家庭贮藏！在贮藏食品方面，干燥的北方地区一般要优于南方，但葡萄酒例外。南方的湿润气候有助于橡树软木塞充涨，从而抵御空气的侵袭。

酒瓶要倒放或卧放，尤其在干燥的北方地区。酒液的浸泡可使软木塞保持湿润，避免因瓶塞干燥产生空隙而使空气进入瓶中，导致葡萄酒氧化变质。同时有机葡萄酒液可以浸提橡木塞的香味，并使橡木中的酚类物质溶解到酒液里面，两者产生化学反应，生成对人体有益的物质。

选购时一定要选择生产日期近的葡萄酒，越近越好！买回家之后应卧放或倒放24小时之后再开启，这样软木塞韧性十足，不易碎裂掉渣。

(5)有机蘑菇(干品)的贮藏：市场上销售的有机蘑菇大致呈现三种形态：干品、压缩块和清水保鲜。贮藏干品有机蘑菇当然还是闭光、低温、密封和干燥这四项基本要求。这里需要特殊提一下密封。有机蘑菇被采摘前生活在环境优越的地方，体表容易携带虫卵。我们买到手之后，如果不注意夹紧包装袋，空气和水分就会长驱直入，尤其是春夏两季。届时在有机蘑菇里发现蛹并不奇怪。最好的贮藏办法是，用密封夹夹紧包装袋，放入冰箱冷藏。

147.有机食品对运输有什么要求？

运输有机食品的工具在装载有机产品前应清洗干净。有机产品在运输过程中应避免受到污染。在运输和装卸过程中，外包装上的有机

认证标志及有关说明不得被沾污或损毁。运输和装卸过程必须有完整的档案记录，并保留相应的单据。

148.有机食品运输技术规范是怎么样的?

(1)必须根据有机食品的类型、特性、运输季节、距离以及产品保质贮藏的要求选择不同的运输工具。

(2)用来运输有机食品的工具（包括车辆、轮船、飞机等）在装入有机（天然）食品之前必须清洗干净，必要时进行灭菌消毒，必须用无污染的材料装运有机（天然）食品。

(3)装运前必须进行食品质量检查，在食品、标签与账单三者相符合的情况下才能装运。

(4)装运过程中所用的工具应清洁卫生，不允许含有化学物品。禁止带入有污染或潜在污染的化学物品。

(5)运输包装必须符合有机食品的包装规定，在运输包装的两端，应有明显的运输标志，内容包括：始发站、到达站（港）名称、品名、数量、重量、体积、收（发）货单位名称以及有机（天然）食品标志。

(6)不同种类的有机食品运输时必须严格分开，不允许性质相反和互相串味的食品混装在一个车（箱）中。

(7)填写有机食品运输单据时，要做到字迹清楚、内容准确、项目齐全。

(8)有机食品装车（船、箱）前，应认真检查车（船、箱）体状况。对不清洁、不安全，装过化学品、危险品或者未按合同所规定提供车（船、箱）的必须及时提交运输部门进行清洁、消毒或调换，符合要求后才能装入有机食品。

(9)有机食品的运输必须专车专用。尤其是长途运输的粮食、蔬菜和鱼类必须有严格的管理措施。在无专车的情况下，必须采用密闭的包装容器。容易腐烂的食品(如肉、蛋、鱼)必须用专用密封冷藏车装运。运输有机活禽畜和肉制品的车辆应分开。严禁有机食品与化肥、农药以及化学物品一起运输。

(10)有机乳制品应在低温或冷藏条件下运输，严禁与任何化学物品或其他有污染的物品一起运输。

149.有机食品茶叶加工厂的条件怎样?

有机食品茶叶生产是个系统工程，仅有有机茶园生产的茶叶原料，没有一定的加工设备仍不能生产出有机食品茶叶产品。有机食品茶叶的行业标准对有机食品茶叶加工技术规程也作了具体规定，要求工厂卫生、清洁、环境优良、工艺规范、设备齐全良好等。

150.有机茶的贮藏和运输管理有什么要求?

有机茶的贮藏和运输除遵循一般有机产品的贮藏和运输管理要求外，作为有机茶还要注意：有机茶贮藏必须保持干燥，茶叶含水量应符合国家茶叶生产标准；仓库内应配备去湿机或其他去湿材料；要采用通风、密封、吸潮和降温等措施，定期检查有机茶的含水量；用生石灰作为茶叶的防潮去湿物品时，应避免茶叶与生石灰的接触，并定期更换。

参考文献

[1] 张真. 绿色农产品生产指南. 北京：中国环境科学出版社，2002

[2] 张振武. 有机农业可解决我国三农面临的诸多问题. 中国农经信息网，2009

[3] 席运官. 有机食品生产基地建设 . 环境导报，2000 (5):38—39

[4] 王华. 有机食品生产基地建设的原则和方法. 环境科学导刊，2009 (S1)：15—16

[5] 秦俊梅，陆欣. 无公害食品、绿色食品、有机食品生产基地肥料使用现状及展望. 山西农业科学，2011(11):56—59

[6] 谢晓慧. 无公害食品大白菜生产中农药、有机肥使用准则. 云南农业科技，2004(3):49

[7] 蒙孟. 生产绿色食品使用农药准则. 科普天地（资讯版），2011(1):8

[8] 杨向黎. 有机食品、绿色食品、无公害食品的概念及对生产环境的要求. 山东农药信息，2008(5):19—20

社会主义新农村建设书系
服务“三农”重点出版物出版工程

《社会主义新农村建设书系》是浙江大学出版社以高度的社会责任心，精心组织实施“服务‘三农’重点出版物出版工程”，策划、出版的一套优秀“三农”出版物，为服务社会主义新农村建设做出应有的贡献。

本套丛书围绕以下四大板块策划选题：一是农村政策法律解读板块，包括农村基层组织建设、村镇党员干部培训、思想道德建设、法制普及、农村未成年人思想道德建设、村镇财务制度规范等。二是种植业、养殖业板块。三是社会主义新农村建设板块，包括海上浙江建设、村镇民居建设、生态环境保护、农家乐的开发与经营等。四是知识普及板块，包括科学知识普及、传统文化普及、文学艺术知识、医学健康知识、体育锻炼知识等。

本套丛书的选题在编写上、制作上以农村读者“买得起、看得懂、用得上、能致富”为原则；符合广大农村读者需求，贴近农民群众实际需要；通俗易懂，便于操作掌握；知识准确、不误导读者。

本套丛书融知识性、实用性、通俗性于一体，系统而全面，分类清晰，可帮助广大农民朋友快速了解、掌握和运用实用知识。

本套丛书可作为农民的知识普及性读物，也可作为社会主义新农村建设农民培训用书。

书目如下

国家“三农”优惠政策300问
网上开店卖农产品200问
农民金融与保险知识300问
农民财务与税收知识300问
农民工商企业管理知识300问
农民学电脑用电脑210问
农民学法用法300问
十字花科蔬菜高效栽培新技术70问
农村生活污水处理160问
养老知识300问
传染病防治200问
慢性病防治200问
健康膳食248问
绿色食品150问
无公害农产品150问
有机食品150问
农产品经纪人(中高级)实务
农作物植保员(初级)
中华鳖高效健康养殖技术
蓝莓栽培实用技术
农产品经纪人(初级)
居家养老护理
老年慢性病康复护理